中等职业教育土木水利类专业"互联网+"数字化创新教材
中等职业教育"十四五"系列教材

# 建筑装饰施工技术

李永霞　主编

王玉江　郭　倩　荀　林　副主编

中国建筑工业出版社

图书在版编目（CIP）数据

建筑装饰施工技术/李永霞主编. —北京：中国建筑
工业出版社，2020.7（2024.6重印）
中等职业教育土木水利类专业"互联网＋"数字化
创新教材　中等职业教育"十四五"系列教材
ISBN 978-7-112-25072-1

Ⅰ.①建…　Ⅱ.①李…　Ⅲ.①建筑装饰-工程施工-
中等专业学校-教材　Ⅳ.①TU767

中国版本图书馆 CIP 数据核字（2020）第 072331 号

　　本书是根据教育部《中等职业学校建筑装饰专业教学标准》中专业核心课
"建筑装饰施工技术"的教学内容和要求，并参照有关国家职业标准和行业岗
位要求编写的中等职业教育教材。

　　本书主要内容包括：建筑装饰工程施工的范围特点及原则、技术现状及发
展趋势、施工机具介绍；涉及建筑装饰的隐蔽工程、隔墙工程、吊顶工程、墙
面工程、楼地面工程、门窗工程、厨卫工程等的构造、施工准备、施工工艺、
建筑装饰施工质量验收等方面的内容。

　　本书可作为中等职业学校建筑装饰专业教材，也可作为相关企业岗位培训
教材和相关专业的技术人员学习及参考用书。课件请发送邮件至 litianhong@
cabp. com. cn 索取。

　　责任编辑：李天虹　李　阳
　　责任校对：赵　菲

中等职业教育土木水利类专业"互联网+"数字化创新教材
中等职业教育"十四五"系列教材
建筑装饰施工技术
李永霞　主编
王玉江　郭　倩　荀　林　副主编

＊

中国建筑工业出版社出版、发行（北京海淀三里河路 9 号）
各地新华书店、建筑书店经销
北京鸿文瀚海文化传媒有限公司制版
建工社（河北）印刷有限公司印刷

＊

开本：787×1092 毫米　1/16　印张：12¼　字数：305 千字
2020 年 8 月第一版　2024 年 6 月第四次印刷
定价：**39.00 元**（赠课件）
ISBN 978-7-112-25072-1
（35808）

# 前　言

近年来，随着我国社会、经济的发展和人民生活水平的提高，国家对职业教育提出了更高的要求，职业院校要培养出上手快、留得住、服务一线、应用能力强的高技能人才。作为建筑装饰专业的在校生（或自学者），在学好基本理论的同时，掌握好实践应用和动手技能、做到学以致用非常重要。

"建筑装饰施工技术"是中等职业学校建筑装饰专业的一门专业核心课程，本书是职业院校建筑装饰类专业培养具有高素质技术技能型人才为导向的课程改革教材。在编写时坚持内容浅显易懂，以够用为度；系统性和实用性相结合，以实用为准；理论与实践相结合，以实践为主的原则。因此，本书具有较强的基础性、实用性和可操作性。

科学技术的日新月异带领着建筑装饰技术应用也实时发展，装饰施工技术中的新规范、新标准也在更新换代。我们采用了国家有关的现行规范和标准，同时结合近年来本课程教改的一些经验和做法完成了本书的编写。各学校根据具体情况选择，教学学时分配可参考下表。

| 教学内容 | 学时分配 | | |
|---|---|---|---|
| | 理论讲授 | 实践操作 | 合计 |
| 走进课堂 | 2 | 2 | 4 |
| 隐蔽工程 | 4 | 4 | 8 |
| 隔墙工程 | 8 | 4 | 12 |
| 吊顶工程 | 14 | 8 | 22 |
| 墙面工程 | 14 | 8 | 22 |
| 楼地面工程 | 12 | 4 | 16 |
| 门窗工程 | 12 | 4 | 16 |
| 厨卫工程 | 8 | 4 | 12 |
| 小计 | 76 | 38 | 112 |

本书以"做中学、做中教"的中职教育理念为指导，遵循工作岗位实际为导向的人才培养模式，在系统梳理装饰施工技术知识的基础上，配合岗位需要设置实践操作以达到使学生学以致用的目的。

本书具有以下几个特点：1. 落实立德树人的根本任务，重视学生职业素养养成，将专业精神、职业精神和工匠精神融入人才培养全过程。例如，在"走进课堂"里拓展了安全文明施工的内容，渗透安全意识；结合各种施工项目的验收，渗透质量意识；结合新材料、新工艺，渗透节能、环保意识；结合实训渗透职业道德；选取具有时代性、正能量的案例，展示我国建设行业先进技术，渗透爱国主义教育并激发专业自豪感。2. 定位明确。

针对初学者的施工技术入门教材，精选装饰施工技术的精简内容。理论讲授深入浅出、图文并茂、通俗易懂。3.内容全面。所需的大量知识和材料列表展示，一目了然。4.有利于学习者衔接后续课程和拓展专业知识。书中以知识链接的形式展示专业相关的大量实践常识，大大增强了本书和实践的接轨，有利于学习者知识的建构并搭建中高职衔接与贯通的"立交桥"。

本书由河北城乡建设学校李永霞老师主编。河北城乡建设学校郭倩老师编写了走进课堂、教学单元1、教学单元3和教学单元4；河北城乡建设学校李永霞老师编写了教学单元2、教学单元6和教学单元7；云南建设学校王玉江老师编写了教学单元4；烟台城乡建设学校苟林老师编写了教学单元5、教学单元6。

本书在编写过程中得到了有关领导、同事、学生和朋友的帮助，河北建工集团装饰工程有限公司的马红漫教授级高级工程师对书稿提出了很多宝贵意见，在此表示衷心感谢。有了大家的支持才有了本书现在的成果。由于编者理论和实践水平有限，在教材编写过程中难免会有疏漏和不足之处，敬请读者和同行批评指正，在此表示深深的谢意。

# 目　录

# 走进课堂

【教学目标】

1. 知识目标

• 了解建筑装饰工程的任务与内容；

• 了解建筑装饰工程施工的特点、范围和施工原则。

2. 能力目标

• 在施工操作中能够正确选择相关的施工机具，并掌握常用建筑装饰施工机具的使用方法；

• 掌握工程验收项目及质检工具；

• 注意安全文明施工。

## 0.1 建筑装饰工程施工

建筑装饰是与我们日常生活息息相关的一个行业，只要有建筑就需要建筑装饰。我国的建筑装饰施工技术在不断进步，电动工具已经普及，新材料、新工艺不断更新换代，某些项目已赶超发达国家水平。

建筑装饰工程是建筑工程的一个重要组成部分，它是指为新建、改建、扩建或原有建筑物进行装饰规划、设计和施工等各项技术工作后所完成的工程实体。

建筑装饰工程施工是为保护建筑物的主体结构、完善建筑物的使用功能和美化建筑物，采用装饰装修材料或饰物对建筑物的内外表面及空间进行的各种处理过程。

建筑装饰饰面保护建筑物的内外表面，能有效减轻建筑主体结构遭受雨淋、风吹日晒、物理冲撞等各类侵害，延长建筑物的使用寿命。建筑装饰饰面还可以直观地体现出建筑所在地人文环境、经济条件、技术发展，具有装饰功能，能体现出建筑室内外的鲜明个性。

### 0.1.1 建筑装饰工程

建筑装饰工程一般由单位（子单位）、分部、子分部、分项工程所组成，以某医院门诊楼为例：该工程称为单位工程，分部工程有装饰装修工程、给水排水和采暖工程、建筑电气工程、通风空调工程、智能化工程等。装饰装修工程按其质量验收规范和统一标准要求，又包括不同的子分部工程：抹灰工程、外墙防水工程、门窗工程、吊顶工程、轻质隔墙工程、饰面板工程、饰面砖工程、幕墙工程、涂饰工程、裱糊与软包工程、细部工程、建筑地面工程等，每个子分部工程中又有不同的分项工程，见表0-1。

某医院门诊楼装饰装修工程的子分部工程、分项工程划分　　　表 0-1

| 单位工程 | 分部工程 | 子分部工程 | 分项工程 | 图片 |
|---|---|---|---|---|
| 医院门诊楼 | 装饰装修 | 抹灰工程 | 一般抹灰、保温层薄抹灰、装饰抹灰、清水砌体勾缝 | |
| | | 外墙防水工程 | 外墙砂浆防水、涂膜防水、透气膜防水 | |
| | | 门窗工程 | 木门窗安装、金属门窗安装、塑料门窗安装、特种门安装、门窗玻璃安装 | |
| | | 吊顶工程 | 整体面层吊顶、板块面层吊顶、格栅吊顶 | |
| | | 轻质隔墙工程 | 板材隔墙、骨架隔墙、活动隔墙、玻璃隔墙 | |
| | | 饰面板工程 | 石板安装、陶瓷板安装、木板安装、金属板安装、塑料板安装 | |
| | | 饰面砖工程 | 外墙饰面砖粘贴、内墙饰面砖粘贴 | |
| | | 幕墙工程 | 玻璃幕墙安装、金属幕墙安装、石材幕墙安装、人造板材幕墙安装 | |

续表

| 单位工程 | 分部工程 | 子分部工程 | 分项工程 | 图片 |
|---|---|---|---|---|
| 医院门诊楼 | 装饰装修 | 涂饰工程 | 水性涂料涂饰、溶剂型涂料涂饰、美术涂饰 | |
| | | 裱糊与软包工程 | 裱糊、软包 | |
| | | 细部工程 | 橱柜制作与安装、窗帘盒和窗台板制作与安装、门窗套制作与安装、护栏和扶手制作与安装、花饰制作与安装 | |
| | | 建筑地面工程 | 基层铺设、整体面层铺设、板块面层铺设、木竹面层铺设 | |

## 0.1.2 建筑装饰工程施工

随着科学技术的发展，建筑装饰工程施工将更注重人文关怀，更强调绿色节能环保。各种新型材料安全性大大提高，甲醛、苯等有毒有害物质逐渐得到控制，复合材料、节能材料使用增多。配件生产工厂化、模块化，现场施工装配化使得工程施工速度更快并方便日后维修及更换配件。家居智能化使人们的生活环境安全可靠、方便舒适。

设计单位通过现场踏勘房屋结构，测量房屋各部分具体尺寸，根据业主实际需求设计可行方案，做出报价单、施工图、效果图等，施工单位根据施工图等进行建筑装饰工程施工。建筑装饰工程施工工序多，新工艺、新材料层出不穷，同时受到施工成本及工人施工水平的影响，施工工艺呈多样性特点。

**1. 建筑装饰工程施工范围**

建筑装饰工程施工范围很广，包括建筑室内外的各个界面以及其中部分用品的施工，还包括建筑室内外景观的施工。以室内装饰工程为例，从选定施工方到入住的过程包含以下内容：

（1）施工过程

施工过程包括主体拆改、水电改造、防水工程、吊顶工程、墙饰面工程、楼地面工程等。

（2）安装过程

安装过程主要包括安装橱柜、浴室柜、门窗、散热器、开关插座、灯具、五金洁具等。

（3）收尾过程

收尾过程是指拓荒保洁、家具进场、家电安装、布置家居配饰的过程。

**2. 建筑装饰工程施工原则**

（1）严格遵守相关法律法规、强制性标准

建筑装饰工程从签订合同、项目设计到施工过程、质量管理的各个环节中都必须严格遵守国家的相关政策，严格执行建筑装饰工程施工程序。

（2）坚持质量第一，重视施工安全

充分考虑施工质量验收规范、工艺标准、操作规程的规定，从人、机具、材料、环境等方面，确保工程质量。安全施工方面要特别注意用电、防火，工人上岗前要做好安全培训，建立健全各项安全管理制度。

（3）提高管理水平，科学合理施工

积极使用新技术、新工艺、新设备、新材料，提高效率，降低成本。结合工程实际情况合理分配人员、物资，合理选材、用材，提高材料利用率，使施工现场安全有序、绿色环保、高质高效，避免因安排不合理造成的人力、物力的浪费。

**3. 建筑装饰工程施工基本要求**

施工单位应对进场主要材料的品种、规格、性能进行验收。主要材料应有产品合格证书，有特殊要求的应有相应的性能检测报告和中文说明书。应配备满足施工要求的配套机具、设备及检测仪器。

（1）施工前应进行设计交底工作

施工前应进行设计交底工作，并应对施工现场进行核查，了解物业管理的有关规定。施工人员应遵守有关施工安全、劳动保护、防火、防毒的法律、法规。

（2）施工中严格按照规范作业

严禁损坏房屋原有绝热设施；严禁损坏受力钢筋；严禁超荷载集中堆放物品；严禁在预制混凝土空心楼板上打孔安装埋件；严禁擅自改动建筑主体、承重结构或改变房间主要使用功能；严禁擅自拆改燃气、暖气、通信等配套设施。涉及燃气管道的装饰装修工程必须符合有关安全管理的规定。

（3）施工现场用电用水要求

施工现场用电应从户表以后设立临时施工用电系统；安装、维修或拆除临时施工用电系统，应由电工完成；临时施工供电开关箱中应装设漏电保护器；临时用电线路应避开易燃、易爆物品堆放地；暂停施工时应切断电源。

不得在未做防水的地面蓄水；临时用水管不得有破损、滴漏；暂停施工时应切断水源。

（4）文明施工和现场环境

施工人员应衣着整齐，服从物业管理或治安保卫人员的监督、管理；应控制粉尘、污染物、噪声、振动等对相邻居民、居民区和城市环境的污染及危害；施工堆料不得占用楼道内的公共空间，封堵紧急出口；室外堆料应遵守物业管理规定，避开公共通道、绿化地、化粪池等市政公用设施；工程垃圾要密封包装，并放在指定垃圾堆放地；不得堵塞、破坏上下水管道、垃圾道等公共设施；不得损坏楼内各种公共标识；工程验收前应将施工现场清理干净。

# 0.2 施工机具

建筑装饰施工过程中会用到许多不同用途的工具，如用来测量定位、平整墙面、切割打孔等。根据这些工具是否需要用电，又分为手动工具和电动工具，现将一些常用施工工具介绍如下。

## 0.2.1 手动工具

常用的手动工具见表0-2。

常用手动工具                                                                表 0-2

| 类型 | 名称 | 图片 | 用途 |
|---|---|---|---|
| 标记定位 | 线坠 | | 找垂直 |
| | 墨斗 | | 弹标记线 |
| 抹灰 | 阴阳角抹子 | | 压光阴阳角 |
| | 钢皮抹子 | | 抹水泥砂浆面层和地面压光 |
| | 方齿抹子 | | 瓷砖胶粘剂贴瓷砖时，用来划纹，增加瓷砖的粘接强度 |

续表

| 类型 | 名称 | 图片 | 用途 |
|---|---|---|---|
| 基层处理 | 铲刀 |  | 处理基层、嵌缝 |
| | 砂纸架 |  | 夹砂纸使用，用来打磨找平层、面层 |
| 切割 | 美工刀 | 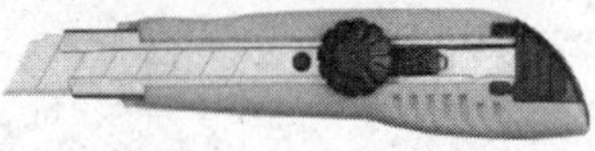 | 裁切纸面石膏板、壁纸等强度较小的材料 |
| | 板锯 |  | 切割龙骨及各种板材 |
| 固定 | 拉铆钉，拉铆枪 | 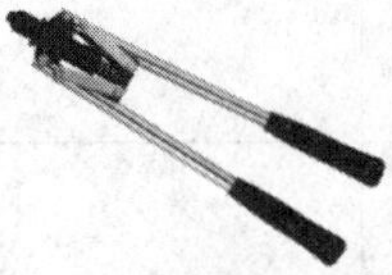 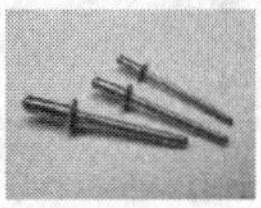 | 配合使用，固定龙骨 |
| | 橡皮锤 | 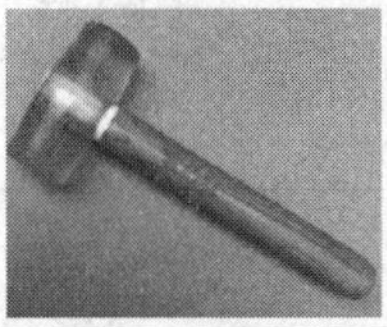 | 橡胶材质有弹性，主要用于安装瓷砖、玻璃等敲打时，起到一定的缓冲作用 |

## 0.2.2　电动机具

常用的电动工具见表 0-3。

常用电动机具　　　　　　　　　　　　　　　　　表 0-3

| 类型 | 名称 | 图片 | 用途 |
|---|---|---|---|
| 测量工具 | 测距仪 |  | 测量长度、高度、距离 |
| | 水平仪 |  | 代替传统工具放线，检测和控制施工面水平度和垂直度 |

| 类型 | 名称 | 图片 | 用途 |
|---|---|---|---|
| 基层处理 | 除锈枪 | | 去除基层锈迹 |
| | 圆盘打磨机 | | 打磨基层 |
| | 磨石机 | | 磨平地面 |
| 固定 | 气钉枪 | | 快速固定石膏板、木板、龙骨等 |
| | 链带螺钉枪 | | 用于拧紧自攻螺钉 |
| 动力设备 | 空气压缩机 | | 为气钉枪、空气喷枪等气动工具提供动力 |
| 打孔 | 电钻 | | 适用于金属、木材、瓷砖、混凝土等材料的打孔 |
| 切割 | 砂轮切割机 | | 有台式和手持式两种,安装不同的锯片可用来切割龙骨、瓷砖等材料 |

| 类型 | 名称 | 图片 | 用途 |
|---|---|---|---|
| 搅拌 | 手持搅拌器 | | 搅拌水泥砂浆、腻子等材料 |
| 喷涂 | 喷枪 | | 喷涂涂料 |

# 0.3　建筑装饰装修施工质量验收

为了保证建筑装饰装修工程质量，在质量验收时要遵循现行国家标准《建筑装饰装修工程质量验收标准》GB 50210，以及国家和当地现行的其他有关标准和规定。

《建筑装饰装修工程质量验收标准》GB 50210 适用于新建、扩建、改建和既有建筑的装饰装修工程的质量验收，与现行国家标准《建筑工程施工质量验收统一标准》GB 50300 配套使用。建筑装饰装修工程的室内环境质量应符合现行国家标准《民用建筑工程室内环境污染控制规范》GB 50325 的规定。

## 0.3.1　建筑装饰装修工程质量验收项目

建筑装饰装修工程项目繁多，《建筑装饰装修工程质量验收标准》GB 50210 将涉及安全、主要使用功能、节能、环保等起决定作用的项目列为"主控项目"，将大部分为外观质量要求，不涉及使用安全的列为"一般项目"。允许有 20% 以下的抽查样本存在既不影响使用功能也不明显影响装饰效果的缺陷，但是其中有允许偏差的检验项目，其最大偏差不得超过标准规定允许偏差的 1.5 倍。

通常装饰工程施工要验收的项目有：

**1. 文件和记录**

如设计文件及材料的产品合格证书、性能检验报告、进场验收记录、复验报告、隐蔽工程验收记录、施工记录等。

**2. 结构做法**

如基层处理、接缝处理、加强措施、管线设备、龙骨安装、面板固定等。

**3. 安全和功能**

如门窗工程应检测建筑外窗的气密性能、水密性能、抗风压性能；饰面砖工程应检测饰面砖粘结强度；幕墙工程应检测埋件的现场拉拔力。

**4. 尺寸误差**

如立面平直度、表面平整度、接缝直线度、接缝高低差、接缝宽度、阴阳角方正、空鼓等。

### 5. 外观

如颜色、花纹、光泽、皱皮、污损等。

另外，有特殊要求的建筑装饰装修工程竣工验收时应按合同约定加测相关技术指标。

## 0.3.2 建筑装饰装修工程质检工具

装饰工程项目验收除了观察、手摸等外观的一般项目检查，还有一些必须借助检测工具才能完成的检验项目，如表面平整度、接缝高低差、阴阳角方正度等，常用质量验收工具见表 0-4。

常用质检工具 表 0-4

| 名称 | 图片 | 用途 |
|---|---|---|
| 钢卷尺 | | 测量长度 |
| 空鼓锤 | | 检测面层空鼓 |
| 楔形塞尺 | | 检测建筑物上的缝隙大小，和靠尺配合使用检测面层平整度 |
| 内外直角检测尺 | | 检测阴阳角直角偏差及一般平面的垂直度、水平度 |

续表

| 名称 | 图片 | 用途 |
|---|---|---|
| 水平尺 | | 检测平面的水平度和垂直度 |
| 靠尺 | | 检测平面平整度、水平度、垂直度。配合楔形塞尺使用可检测平整度误差、坡度 |

**【单元总结】**

　　本单元带领大家初步认识了建筑装饰工程的相关概念，建筑装饰工程施工的原则及常用的施工和检测工具，还了解了一些质检知识。建筑装饰施工是建筑装饰专业的核心课程，希望同学们通过本单元的学习对建筑装饰工程施工有一个整体的认知，以便为后续单元的学习打下坚实的基础。

知识拓展

**【思考及练习】**

　　（1）建筑装饰施工的作用有哪些？

　　（2）橱柜为什么要测量两次？

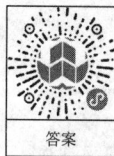

答案

# 教学单元1　隐蔽工程

## 【教学目标】

1. 知识目标
- 了解隐蔽工程及隐蔽工程的内容;
- 掌握水电工程的材料和施工过程;
- 熟悉水电工程相关的质检方法及质量要求。
2. 能力目标
- 能够在施工操作中认识和正确使用相关的施工机具;
- 掌握水电工程的施工工艺及操作要点。

## 【思维导图】

```
                                ┌─── 施工准备
                    ┌─ 水路改造 ─┤
                    │           └─── 施工工艺
                    │
                    │           ┌─── 施工准备
                    ├─ 电路改造 ─┤
  隐蔽工程 ─────────┤           └─── 施工工艺
                    │
                    │           ┌─── 施工准备
                    ├─ 防水工程 ─┤
                    │           └─── 施工工艺
                    │
                    └─ 其他
```

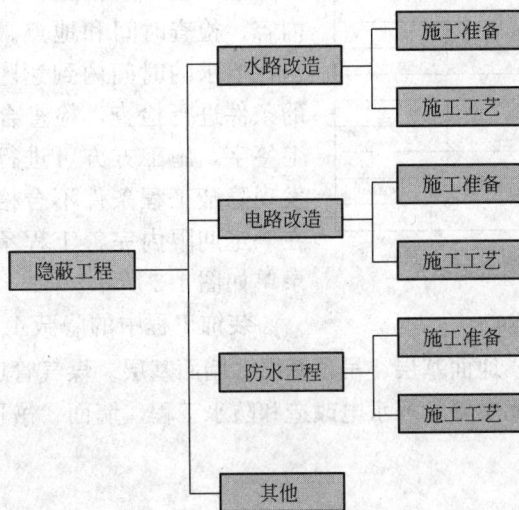

## 1.1　认识隐蔽工程

　　隐蔽工程是指建筑物、构筑物在施工期间将材料或构配件埋于物体之中被覆盖,外表看不见的实物,也就是施工完成后看不见的工程就是隐蔽工程,如给水排水工程、电气管线工程、吊顶基层、设备基础、网络综合布线线缆等分部分项工程,如图1-1所示。

　　隐蔽工程是整个施工过程中最重要、也最容易出错的步骤。根据工序来看,隐蔽工程

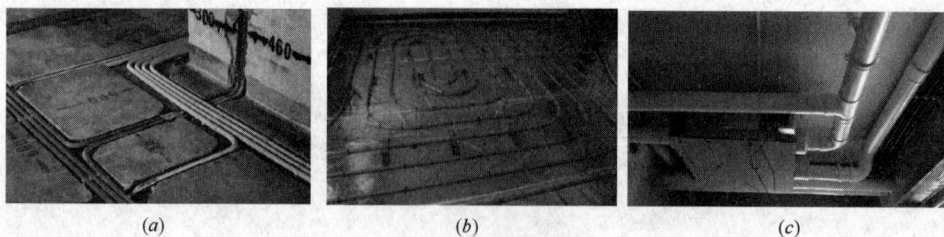

(a)　　　　　　　　　(b)　　　　　　　　　(c)

图 1-1　隐蔽工程

(a) 电路改造；(b) 地暖管道；(c) 设备

图 1-2　隐蔽工程验收记录单

都会被后一道工序所覆盖，所以很难检查其材料是否符合规格、施工是否规范。由于隐蔽工程中要将水电管线等材料埋入墙面、地面甚至顶棚，如若在使用中因施工疏忽而产生故障，则不得不"凿墙挖地"，真可谓"隐患无穷"。

隐蔽工程完工后，施工方应当先进行自检。自检合格后，在隐蔽工程进行隐蔽前及时通知甲方（业主）或甲方代表对隐蔽工程的条件进行检查。通知包括施工方的自检记录、隐蔽的内容、检查时间和地点。甲方接到通知后，应当在要求的时间内到达隐蔽现场，对隐蔽工程的条件进行检查，检查合格后甲方在检查记录上签字，施工方方可进行隐蔽施工。甲方检查发现隐蔽工程条件不合格的，有权要求施工方在一定期限内完善工程条件。隐蔽工程验收记录单如图 1-2 所示。

装饰工程中的隐蔽工程总体可分为五部分，即水电改造、煤气管道、地面基层、吊顶基层和墙面基层。煤气管道的改造必须由煤气公司专业人员完成，本单元主要学习水电改造和防水工程，墙面、吊顶的隐蔽工程结合到具体装饰工程项目里学习。

## 1.2　电路改造

水电改造指根据装修配置、家庭人口、生活习惯、审美观念对原有开发商使用的水路、电路全部或部分更换的装修工序。水电改造又分为水路改造和电路改造。

电路分为强电和弱电，强电指的是灯具、电器、插座等具有强电流的电。弱电就是电话线、网线、有线电视等弱电流。也可以把 36V（人体安全电压）以上划定为强电，36V（人体安全电压）以下划定为弱电。

电路设计要多路化，做到空调、厨房、卫生间、客厅、卧室、电脑及大功率电器分路布线；插座、开关分开，除一般照明、挂壁空调外各回路应独立使用漏电保护器；强、弱分开，音响、电话、多媒体、宽带网络等弱电线路设计应合理规范。电路改造上我们必须使用合格材料，严格遵守施工规范，不能马虎了事。

## 1.2.1 电路改造施工准备

### 1. 电路改造所需材料（见表 1-1）

电路改造材料 表 1-1

| 名称 | 图片 | 材料介绍 |
|---|---|---|
| 建筑用绝缘电工套管 | | 俗称"穿线管"，防腐蚀、防漏电、穿电线用的管子。分为塑料穿线管、不锈钢穿线管、碳钢穿线管。外观不应有折扁和裂缝，管内应无毛刺，管口应平整 |
| 接线盒 | | 穿线管与接线盒连接，线管里面的电线在接线盒中连起来，起到保护电线和连接电线的作用。在电线的接头部位（比如线路比较长，或者电线要管要转角）就采用接线盒作为过渡用。塑料接线盒必须是阻燃型产品，外观不应有破损及变形 |
| 铜制绝缘电线 | | 在导线外围均匀而密封地包裹一层不导电的材料，如：树脂、塑料、硅橡胶、PVC 等，形成绝缘层，防止导电体与外界接触造成漏电、短路、触电等事故发生 |
| 压线帽 | | 电路中用来压合导线连接节点的耗材。将电线尾部外皮剥去再插入套管内，用压线钳压紧即可 |
| 漏电保护器 | | 简称漏电开关，主要是用来在设备发生漏电故障时以及对有致命危险的人身触电保护，具有过载和短路保护功能，可用来保护线路或电动机的过载和短路，亦可在正常情况下作为线路的不频繁转换启动之用 |
| 开关、插座 | | 通信系统使用的终端盒、接线盒与配电系统的开关、插座，宜选用同一系列产品 |

**2. 电路改造所需机具（表1-2）**

电路改造工具　　　　　　　　　　　表1-2

| 名称 | 图片 | 工具介绍 |
| --- | --- | --- |
| 手持切割机 |  | 用于墙面、地面开槽 |
| PVC弯管器 |  | 用于PVC电工套管弯曲定型 |
| 金属弯管器 |  | 用于金属电工套管弯曲定型 |
| 冲击钻 |  | 用于基层打孔 |
| 剥线钳 |  | 用于剥除铜制绝缘电线塑料外皮 |

## 1.2.2 电路改造施工工艺

**1. 电路改造工艺流程**

弹线定位、做标记→开槽打孔→固定线管→穿线、检测→覆盖、安装端口。

图1-3 标记端口位置

**2. 电路改造施工操作要点**

（1）弹线定位、做标记

根据用电设备位置，确定管线走向、标高及开关插座的位置，并在相应位置做标记，如图1-3所示。

（2）开槽打孔

根据定位和线路走向开布线槽，不允许开横槽，因为会影响墙的承载力，如图1-4所示。

（3）固定线管

线管涉及强电与弱电，它们的主要区别是用途的不同，强电的处理对象是能源（电力），如空调、冰箱、热水器等电器使用的电源插座；弱电的处理对象主要是信息，如视频线、电话线、网络线等。

图 1-4 墙体开布线槽

弯管要用弯管工具辅助，弧度应该是线管直径的 10 倍，这样方便穿线和以后维修拆线。强电与弱电的水平间距不应小于 500mm，交叉部分用锡箔纸隔离处理，如图 1-5 所示。电线管与暖气、热水、煤气管之间的平行距离不应小于 300mm，交叉距离不应小于 100mm。暗线敷设必须配管，当管线长度超过 15m 或有两个直角弯时，应增设接线盒。

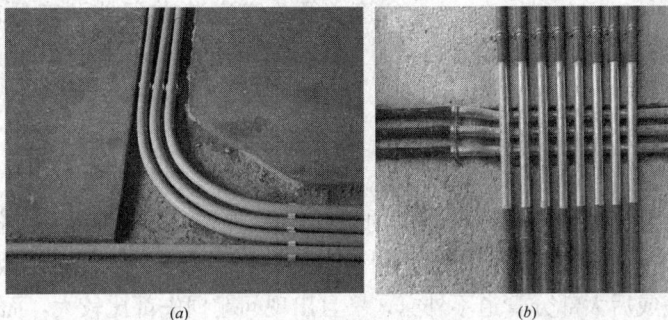

(a)　　　　　　　　　　　(b)

图 1-5 线管固定
(a) 电管弧度；(b) 锡箔隔离强弱电

（4）穿线、检测

室内不同功率的用电设备要分别配线供电，大功率家电设备应独立配线安装插座。

相线（L）俗称火线，是电路中输送电的电源线。零线（N）宜用蓝色，它为电流提供通道形成回路，如果只有火线没有零线，电器也不能使用。接地保护线（PE）也称地线，是为安全和消除静电接的线，当设备漏电时接地保护线将电引入大地。配线时，相线与零线的颜色应不同；同一项目相线（L）颜色应统一，零线（N）宜用蓝色，保护线（PE）必须用黄绿双色线。

电源线配线时，所用导线截面积应满足用电设备的最大输出功率。同一回路电线应穿入同一根管内，但管内总根数不应超过 8 根，电线总截面积（包括绝缘外皮）不应超过管内截面积的 40%。如图 1-6 所示。

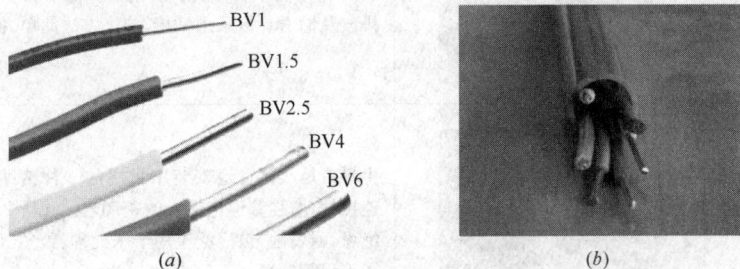

BV1
BV1.5
BV2.5
BV4
BV6

(a)　　　　　　　　　　　(b)

图 1-6 电源线
(a) 不同截面积铜制绝缘电线；(b) 线管穿线不能过多

图 1-7　电源插座接线

电源线与通信线不得穿入同一根管内。穿入配管导线的接头应设在接线盒内，接头搭接应牢固，绝缘带包缠应均匀紧密。

（5）安装端口

电源插座底边距地宜为 300mm，开关面板底边距地宜为 1400mm。安装电源插座时，面向插座的左侧应接零线（N），右侧应接相线（L），中间上方应接保护地线（PE），如图 1-7 所示。同一室内的电源、电话、电视等插座面板应在同一水平标高上，厨房、卫生间应安装防溅插座。开关宜安装在门外开启侧的墙体上，工程竣工时应向业主提供电气工程竣工图。

# 1.3　水路改造

水路改造作为装饰装修中的一项必需的基础工程，完善的施工准备工作是很有必要的。水路改造的优劣直接关系到将来使用的便利程度及安全性能的高低。水路改造也属于隐蔽工程，在装饰工程完成后大部分管道不外露，一旦出现问题损失都比较大，而且维修困难。

## 1.3.1　水路改造施工准备

### 1. 水路改造材料准备（表 1-3）

水路改造材料　　　　　　　　　　表 1-3

| 名称 | 图片 | 材料介绍 |
| --- | --- | --- |
| 给水管、三通、弯头、套管等 |  | PPR 材料耐热、耐压、使用寿命长、耐腐蚀、不结垢、卫生、无毒，使用 PPR 管可免去使用镀锌钢管所造成的内壁结垢、生锈而引起的水质"二次污染"。PPR 基本成分为碳和氢，符合食品卫生规定，无毒，更适合于饮用水输送 |
| 排水管 |  | PVC 排水管水密性、抗老化性好，耐腐蚀，适用于工业污水排放及输送。可采用粘接，施工方法简单，操作方便 |
| 生料带 |  | 生料带是液体管道安装中常用的一种辅助用品，用于管件连接处，增强管道连接处的密闭性。无毒、无味、密封性好、绝缘、耐腐蚀，被广泛应用于水处理、天然气、化工、塑料、电子工程等领域 |

| 名称 | 图片 | 材料介绍 |
|------|------|----------|
| PPR 管堵 | | 用于临时堵塞给水管道出水口 |
| PVC 专用胶 | | 用于 PVC 排水管口接口粘结 |

## 2. 水路改造机具准备（表 1-4）

水路改造机具　　　　　　　　　　　　　　　　　　　　表 1-4

| 名称 | 图片 | 工具介绍 |
|------|------|----------|
| 热熔机 | | 用于 PPR 给水管的连接 |
| 管刀 | | 用于切割 PPR、PVC 水管电管 |
| 打压机 | | 用于检测安装完毕的给水管密闭性 |

## 1.3.2 水路改造施工工艺

**1. 水路改造工艺流程**

弹线定位→开槽→配料、接管→安装固定→测试密封性、封口→覆盖。

**2. 水路改造施工操作要点**

（1）弹线定位

根据设计图纸定位管道位置，冷热水管间距通常为 150mm，管道走向宜横平竖直。

（2）开槽

开槽深度应比管径大 8～10mm，确保管道敷设平整并便于水泥砂浆掩盖管道。

（3）配料、接管

现代装修中给水管一般采用 PPR 管热熔连接，排水管采用 PVC 管胶粘连接，如图 1-8 所示。热熔连接是指非金属之间经过加热升温至（液态）熔点后的一种连接方式，广泛应用于 PPR 等新型管材与管件连接。

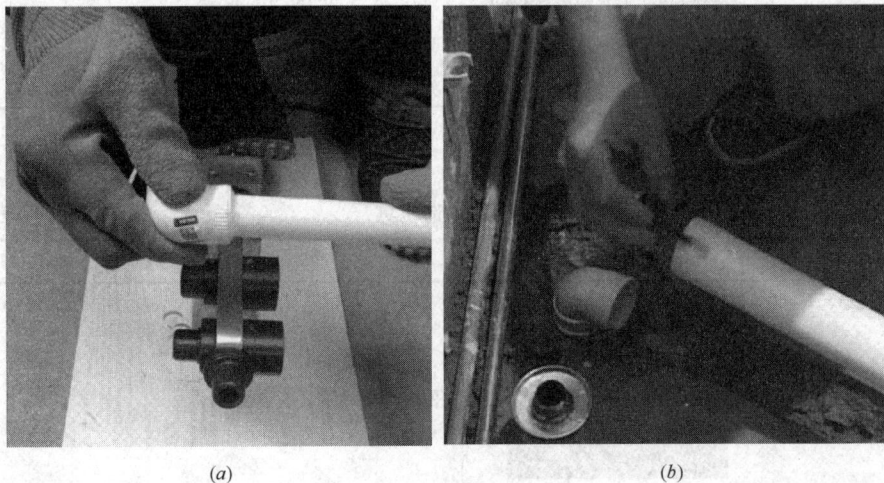

*(a)*            *(b)*

图 1-8　接管方式

(*a*) 热熔连接；(*b*) 胶粘连接

（4）安装固定

冷热水管安装时左热右冷、上热下冷，用管卡固定。安装好的冷热水管管头的高度应在同一个水平面上。

（5）打压测验、封口

水管安装完需要进行打压测试来检测水管接口有没有渗漏，将打压机连接到管口上加压到 0.6MPa 以上，30min 后压力表指针位置没有变化，就说明所安装的水管密封良好，下水管无需加压，放水检查即可，如有渗水现象必须返工，如图 1-9 所示。水管安装好后应立即用管堵把管头堵好，避免杂物进入。

（6）覆盖

管道检测合格后，管槽用 1：3 水泥砂浆填补密实。

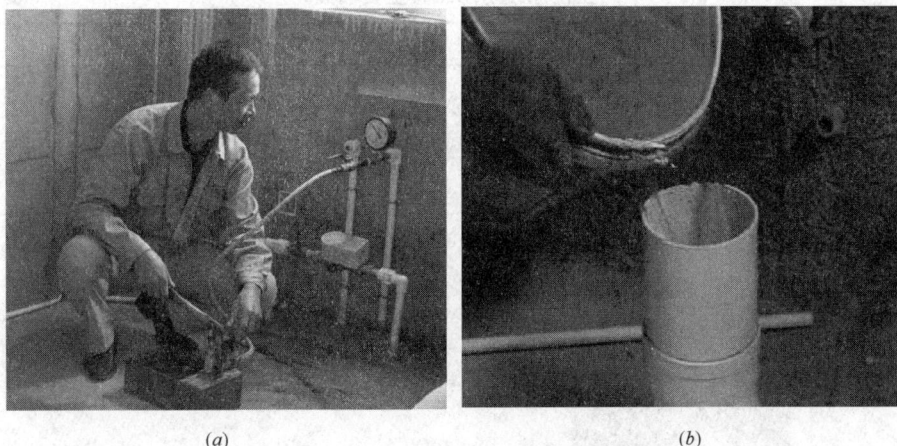

图 1-9　密闭性检测
（a）打压测试；（b）注水测试

# 1.4　防水工程

防水工程是一项系统工程，它涉及防水材料、防水工程设计、施工技术、建筑物的管理等各个方面。其目的是为保证建筑物不受水侵蚀，内部空间不受危害，提高建筑物使用功能和生产、生活质量，改善人居环境。防水工程包括屋面防水、地下室防水、卫生间防水、外墙防水、地铁防水等，本章以室内卫生间涂膜防水为例进行学习。

## 1.4.1　室内涂膜防水工程施工准备

室内涂膜防水工程应在地面、墙面基层完工并经检查验收后进行。其施工方法应符合国家现行标准、规范的有关规定。施工时应设置安全照明，并保持通风，施工环境温度宜在 5℃以上。

基层表面应平整，不得有松动、空鼓、起沙、开裂等缺陷，含水率应符合防水材料的施工要求。地漏、套管、卫生洁具根部、阴阳角等部位，应先做防水附加层。

**1. 室内涂膜防水工程材料准备**

防水涂料是指建筑物或构造物为了满足防潮、防渗、防漏功能所采用的功能性涂料。最常使用的有：K11 通用型防水涂料、JS 防水涂料（即聚合物水泥防水涂料）、丙烯酸防水涂料、聚氨酯防水涂料等，如图 1-10 所示。

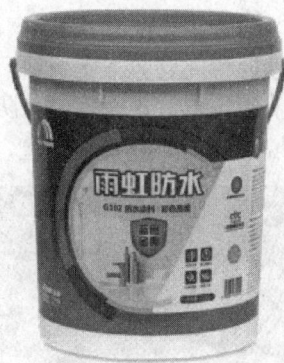

图 1-10　防水涂料

**2. 室内涂膜防水工程机具准备**

室内涂膜防水工程主要机具包括：搅拌桶、小漆桶、毛刷、滚筒刷、小抹子、油工铲刀、笤帚等，见表 1-5。

室内涂膜防水工程主要机具　　　　　　　　表 1-5

| 名称 | 图片 | 工具介绍 |
|---|---|---|
| 毛刷 |  | 用于小面积、边角、管道口根部等细部的防水涂料涂刷 |
| 滚筒刷 |  | 同于大面积墙面、地面防水涂料涂刷 |

### 1.4.2　室内涂膜防水工程施工工艺

**1. 室内涂膜防水工程工艺流程**

清理基层→画线→涂刷防水涂料→闭水试验。

**2. 室内涂膜防水工程施工操作要点**

（1）清理基层

涂膜防水层施工前，先将基层表面上的灰皮用铲刀除掉，用笤帚将尘土、砂粒等杂物清扫干净，尤其是管根、地漏和排水口等部位要仔细清理。如有油污时，应用钢丝刷和砂纸刷掉。否则这些灰尘污渍会形成隔离层，使防水涂料与基层结合不牢，会产生渗水现象。基层表面必须平整，凹陷处要用水泥腻子补平。

（2）画线

在墙体画出涂刷涂料的标记线，浴室的墙面防水应至少刷到 1800mm，一般的墙面防水要刷到 300mm。

（3）涂刷防水涂料

在大面积涂刷防水涂料前，细部附加层应先行涂刷一遍，包括地漏、套管、卫生洁具根部等特殊位置。这些位置是防水的薄弱环节，更容易渗水漏水，一定要谨慎处理。防水涂料在墙面、地面都要刷三遍，前一遍干后再刷后一遍，如图 1-11 所示。

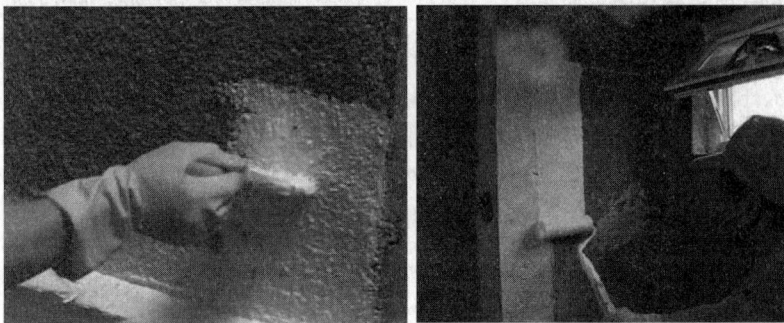

图 1-11　涂刷防水涂料

（4）闭水试验

防水涂料干后要进行闭水试验，即堵住下水口灌水并标记水位，水深20mm以上，24～48h后观察水位线是否有明显下降，四周墙面和地面有无渗漏现象，或从楼下观察是否有渗漏、滴水、洇湿等，如图1-12所示。

**3. 室内涂膜防水工程质量验收**

室内涂膜防水工程质量验收标准和检验方法应符合表1-6的规定。

图1-12　闭水试验

室内涂膜防水工程质量标准和检验方法　　　　　　　　　　　表1-6

| 类别 | 检查项目 | 检验方法 |
|---|---|---|
| 主控项目 | 防水工程材料的品种、规格和性能应符合设计要求和国家现行有关标准的规定 | 观察，检查产品合格证书、进场验收记录和复验报告 |
| | 地面排水坡度应符合设计要求，不得有倒坡和积水现象 | 观察，泼水或坡度尺检查 |
| 一般项目 | 防水层应从地面延伸到墙面，构造要求应符合现行国家标准《住宅装饰装修工程施工规范》GB 50327的规定 | 观察、尺量检查 |
| | 涂膜防水涂刷应均匀，不得漏刷。防水层平均厚度应符合设计要求，且最小厚度不应小于设计厚度的80%，或防水层每平方米涂料用量应符合设计要求。涂膜防水层采用玻纤布增强时，应顺排水方向搭接，搭接宽度应符合设计要求和国家现行有关标准的规定 | 观察、尺量检查 |

**【单元总结】**

隐蔽工程在建筑装饰工程中占有极为重要的地位，由于隐蔽工程在隐蔽后如果发生质量问题，要将覆盖的面层拆除后再重新掩盖，会造成返工等非常大的损失。为了避免资源的浪费和当事人双方的损失，保证工程的质量和工程顺利完成，应对隐蔽工程给予充分的重视。

**【思考及练习】**

1. 填空题

（1）同一回路电线应穿入同一根管内，管内总根数不应超过_____根，电线总截面积（包括绝缘外皮）不应超过管内截面积的_____%。

（2）现代装修中给水管一般采用_____管，热熔连接。排水管采用_____管。

2. 简答题

（1）强电与弱电为什么不能穿入同一根管中？

（2）水电改造为什么不能在墙体上横向开槽？

答案

# 教学单元 2　隔墙工程

## 【教学目标】

1. 知识目标
- 了解隔墙和隔断的区别和联系；
- 了解常用隔墙类型和特点；
- 掌握轻钢龙骨隔墙和玻璃砖隔墙的构造特点；
- 熟悉隔墙工程相关验收标准、方法及质量要求。
2. 能力目标
- 能够在施工操作中认识和正确使用相关施工机具；
- 掌握轻钢龙骨隔墙和玻璃砖隔墙施工工艺及操作要点；
- 具备制作轻钢龙骨纸面石膏板隔墙和检测隔墙施工质量的操作能力。

## 【思维导图】

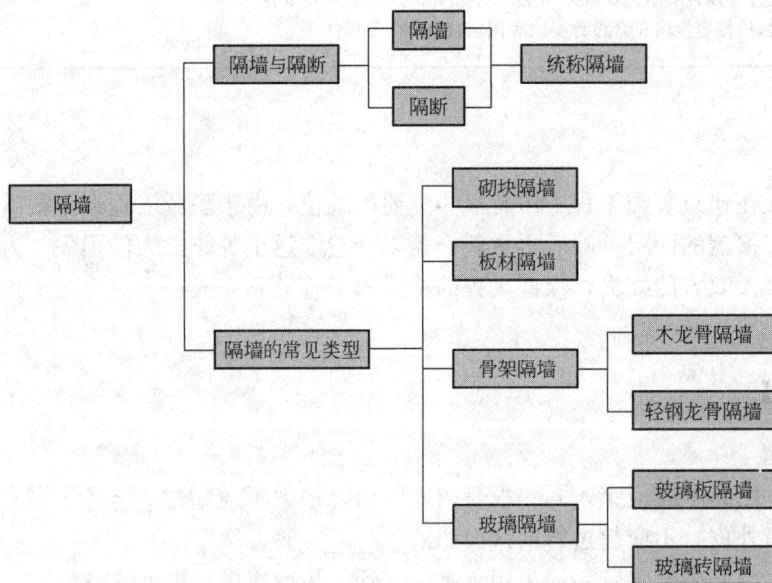

我们在进行室内空间设计时，往往会根据业主的具体使用情况把室内空间重新划分，这样就会用到隔墙或隔断来分割和组合空间。隔墙或隔断属于非结构墙体，它们不承受建筑的各种荷载，甚至连本身的自重荷载也不承受，而是由结构构件（楼板、梁、地坪结构层等）来承担。

隔墙和隔断因具有自重轻、占地面积少、便于拆装等优点广泛应用于室内装饰工程中，我们把隔墙和隔断统称为隔墙工程。

# 2.1　认识隔墙工程

在进行室内空间设计时，根据对空间的使用要求，经常用到不同种类的隔墙或隔断将建筑物内部大空间分割成各种尺寸和形状的小空间区域。虽然隔墙与隔断都是分隔建筑内外空间的非承重墙，但两者还是有区别的。

## 2.1.1　隔断

**1. 隔断特点**

隔断高度可到顶也可不到顶；可以是固定的，也可以是活动的。一般情况下，隔断在隔声、阻隔视线方面无要求，并具有一定的空透性，使两个空间有视线的交流，既能分隔空间，又可以保持固有格局间的相互交流，为居室提供更大的艺术与品位相融合的空间；隔断比较容易移动和拆除，具有灵活性，可随时连通和分隔相邻空间。

**2. 隔断种类**

在如今的装修过程中，隔断可以是矮墙、绿化，也可以是玻璃隔断、隔断门、家具等，还有屏风、博古架、罩等传统家具也是隔断的常见种类，图2-1～图2-4为常见隔断形式。

图 2-1　屏风隔断

图 2-2　玻璃隔断

图 2-3　矮墙隔断

图 2-4　罩隔断

**23**

### 2.1.2 隔墙

高度抵达顶棚且无通透造型的称为隔墙。隔墙一般是固定的，一经设置往往具有不可更改性，至少不能经常变动。一般高度是到顶的，可以满足隔声、阻隔视线的要求，并具有防潮、防火要求，在很大程度上是完全分隔空间。

装饰施工中对于不同功能房间的分割有不同的要求，如厨房的隔墙应具有耐火性能，盥洗室的隔墙应具有防潮能力，客厅和餐厅之间的分割对空间的限定程度要求就会弱一些，而装饰效果要求会更高一些，这样就要用到不同类型的隔墙。

隔墙按照使用的材料来分，可以分为：砌块隔墙、骨架隔墙、板材隔墙和玻璃隔墙。除砌块隔墙外，其他几种也可统称为轻质隔墙，常见隔墙的分类及特点可查阅表 2-1。

隔墙

常见隔墙种类和特点　　　　　　　　表 2-1

| | 图片 | 特点 |
|---|---|---|
| 砌块隔墙 |  | 砌块隔墙常采用加气混凝土砌块、水泥炉渣空心砖等砌筑。厚度由砌块尺寸决定，一般为 90～120mm，砌块不够整块时宜用普通黏土砖填补。砌块有一定的强度，热工、隔声性能好，但比较厚重，适用于需要防潮和隔声、隔热要求较高的厨卫及分户墙中 |
| 板材隔墙 |  | 板材隔墙是指轻质条板用粘结剂拼合在一起形成的隔墙。也就是不需要设置隔墙龙骨，由隔墙板材自承重，将预制或现制的隔墙板材直接固定于建筑主体结构上的隔墙工程 |
| 骨架隔墙 |  | 骨架隔墙也称龙骨隔墙，主要用木料或钢材构成骨架，再在两侧做面层。面层材料通常用的有纸面石膏板、胶合板、钙塑板、塑铝板、纤维水泥板等轻质薄板。骨架隔墙施工快、自重轻，广泛用于家居和公共建筑室内装修中 |
| 玻璃隔墙 |  | 玻璃隔墙包括玻璃砖隔墙和玻璃板隔墙。玻璃砖隔墙用特厚玻璃砖或组合玻璃砖砌筑的透明砖墙；玻璃板隔墙又分为框架和全玻璃方式作为玻璃的安装固定方式。玻璃隔墙造型别致，可同时满足采光的要求 |

如今室内装修中使用较多的是骨架隔墙和玻璃隔墙，骨架隔墙还可以根据不同设计审美的要求，在墙面上制作各种装饰造型，如背景墙造型、木质墙面造型、软包墙面造型等，玻璃隔墙具备完美的通透性，可以满足采光效果，还有很好的装饰效果，这些都是室内装修的亮点。

## 2.2  骨架隔墙工程

骨架隔墙包括以轻钢龙骨、木龙骨等为骨架，以纸面石膏板、人造木板、水泥纤维板等为墙面板的隔墙。大面积平整墙面多采用轻钢龙骨纸面石膏板隔墙，小面积弧形隔墙可以采用木龙骨胶合板隔墙。

这一节我们主要介绍骨架隔墙中最常用的轻钢龙骨纸面石膏板隔墙。轻钢龙骨隔墙是永久性墙体。它以轻钢龙骨为骨架，以纸面石膏板为基层面材组合而成，基层面材外面可进行乳胶漆、壁纸、木材等多种材料的装饰。在家装及工装工程进行空间布局的调整和设计时，轻钢龙骨隔墙是理想的隔墙材料。具体来说优点有：

**1. 施工干作业，快捷方便**

隔墙按需组合，灵活划分空间，同时易拆除。可有效地节约人工，加快施工进度。

**2. 重量轻、强度高，物理性能稳定**

轻钢龙骨隔墙的墙体每平方米质量 23kg，仅为普通砖墙的 1/10 左右。用纸面石膏板作为内墙材料，其强度也能满足绝大部分的使用要求，吸湿过程中伸缩率较小，物理性能稳定。

**3. 装饰效果好**

石膏板隔墙的面层可兼容多种面层装饰资料，满足绝大部分建筑物的装饰要求。

**4. 经济合理，减少浪费**

较之于普通砌块类的构造墙，可以省略因水电预留预埋形成的剔凿，减少因面层装饰做法而需要的抹灰找平作业，还可以在壁纸装饰面层作业中减少石膏、腻子的粉刷作业。这样既降低了造价，缩短了工期，又节约资源防止浪费。

### 2.2.1  轻钢龙骨隔墙构造

轻钢龙骨是以优质的连续热镀锌板带为原材料，经冷弯工艺轧制而成的建筑用金属骨架，按用途分为隔断龙骨和吊顶龙骨，按断面形式分为 U 形、C 形、T 形、L 形龙骨，不同类型的轻钢龙骨如图 2-5 所示。

轻钢龙骨石膏板隔墙按构造可分为单排龙骨单层石膏板隔墙、单排龙骨双层石膏板隔墙和双排龙骨双层石膏板隔墙，前一种用于一般隔墙，后两种用于隔声墙。一般的轻钢龙骨隔墙的构造组成示意图如图 2-6 所示。

由构造图我们可以看到，轻钢龙骨隔墙的主要构造组成有两大部分：

**1. 骨架部分**

轻钢龙骨隔墙的骨架由沿顶龙骨、沿地龙骨、竖向龙骨、横撑龙骨、通贯龙骨（通贯横撑龙骨）和相应的配件组成。骨架是整个隔墙的结构部分，里面的空腔可以安装管线，也可以放置吸声棉、矿棉、岩棉和聚氨酯等材料，起到隔声、保温等作用。

图 2-5　轻钢龙骨

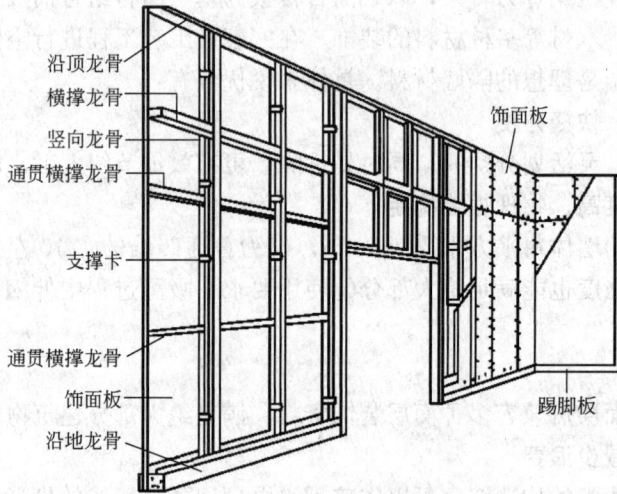

图 2-6　轻钢龙骨隔墙构造组成示意图

标注：沿顶龙骨、横撑龙骨、竖向龙骨、通贯横撑龙骨、支撑卡、通贯横撑龙骨、饰面板、沿地龙骨、饰面板、踢脚板

**2. 饰面板部分**

轻钢龙骨隔墙的饰面板可以采用纸面石膏板、防火石膏板、防水石膏板及其他人造板材。

下面我们一起来看一看这样的轻钢龙骨隔墙是如何做成的。

## 2.2.2　轻钢龙骨隔墙工程施工准备

所有的项目在施工前都要准备好所需的主材和符合要求的配件以及要用到的主要机具，另外还需创设良好的作业环境，这样才能正常施工，轻钢龙骨隔墙施工在这些方面的要求如下。

**1. 材料准备**

从前面学习到的轻钢龙骨隔墙的构造组成中，我们了解到需要的材料主要包括骨架材料和饰面板材料。通过表 2-2 我们看看具体都需要准备哪些材料，这些材料一般使用在什么部位。

轻钢龙骨隔墙材料清单                                                表 2-2

| 种类 | 名称 | 图片 | 使用范围 |
|---|---|---|---|
| 龙骨 | 沿顶(地)龙骨(U形) | | 隔墙和建筑结构的连接构件,用于楼板底或楼地面上,用来固定竖龙骨。高度超过4.2m的墙体与楼板的连接处应采用高边沿顶(地)龙骨 |
| | 竖龙骨、沿边龙骨(C形) | C形龙骨<br> | 隔墙的主要受力构件,竖立于上下横龙骨之中,是钉挂面板的骨架。沿墙或柱固定的竖向龙骨也称为沿边龙骨 |
| | 横撑龙骨(U形) | | 门窗洞口的水平构件,或者为了固定水平板边等设置的横向龙骨,一般使用的材料同沿顶、地龙骨一致 |
| | 通贯龙骨(U形) | | 竖龙骨的水平联系构件,安装固定在竖龙骨的贯通孔中,用于增加竖龙骨的强度和稳定 |
| 面板 | 纸面石膏板 | | 以天然石膏和护面纸为主要原材料制成的轻质建筑薄板。市面上常见的纸面石膏板有以下四种:普通、耐水、耐火、防潮 |
| 轻钢龙骨配件 | 支撑卡 | | 采用金属片一次冲制成型,同竖龙骨、贯通龙骨配合,构成系统框架,可以提高墙体强度和平整度 |
| | 连接件 | | 也叫延长件,用于贯通龙骨接长处,两侧分别插接两根贯通龙骨,起到接长的作用 |
| | 角托 | | 用于横龙骨和竖向龙骨的连接和固定 |

| 种类 | 名称 | 图片 | 使用范围 |
|---|---|---|---|
| 紧固材料 | 镀锌自攻螺钉 | | 用于在骨架上固定面板。螺钉的长度根据石膏板的厚度和层数，一般单层选用25mm螺钉，双层选用35mm螺钉 |
| | 射钉 | | 由一颗钉子加齿圈或塑料定位卡圈构成，利用射钉枪将射钉打入建筑体，把龙骨固定在结构上 |
| | 抽芯铆钉 | | 铆钉是钉形物件，一端有帽。在铆接时需使用专用工具拉铆枪进行铆接 |
| | 膨胀螺栓 | | 将龙骨固定在墙上、楼板上、柱上所用的一种特殊螺纹连接件 |
| 填充材料 | 吸声棉、矿棉、岩棉和聚氨酯等 | | 在龙骨的空腔中填充，起到隔声、保温等作用 |
| 嵌缝材料 | 接缝带、穿孔纸带 | | 用于石膏板拼接缝、阴角及阳角的处理，很好地解决了拼接缝开裂的问题 |
| | 嵌缝腻子 | | 用于石膏板与石膏板之间或者石膏板和结构之间的填缝处理 |

**2. 机具设备**

现代装饰装修进入了工具机械化、智能化的时代，装饰施工也向着工厂施工、现场组合安装的方向发展。在装配式的骨架隔墙工程中使用到的主要机具设备见表 2-3，在使用过程中一定要按照操作规范要求，安全第一。

轻钢龙骨隔墙机具设备清单　　　　　　　　　　　　表 2-3

| 名称 | 图片 | 用途 |
|---|---|---|
| 砂轮切割机 | | 用于切割轻钢龙骨,有台式的砂轮切割机和多功能手持切割机 |
| 手电钻 | | 又称电动螺丝刀,用于固定自攻螺钉,有直流电和充电两种。根据需要打孔的大小选择合适的钻头规格 |
| 龙骨钳 | | 又名龙骨铆接钳,为横竖轻钢龙骨噬合连接而特制的一种专业工具,有供单手和双手使用的两种型号 |
| 水平尺和线锤 | | 用于检测玻璃砖水平、垂直度,也可用激光水平仪代替 |
| 激光水平仪 | | 通过发射的水平和垂直线进行放线,控制隔墙的水平和垂直度,也可以使用线锤和水平尺检查 |
| 龙骨剪 | | 用于轻钢龙骨的剪断、开口等 |
| 卷尺和壁纸刀 | | 用于测量尺寸和纸面石膏板的直线切割 |

| 名称 | 图片 | 用途 |
|------|------|------|
| 曲线锯和往复锯 |  | 用于纸面石膏板的直线和曲线切割及挖洞等操作 |
| 抽芯铆钉和拉铆枪 |  | 有气动、电动、手动等多种形式,用于抽芯铆钉的固定 |

**3.作业条件要求**

(1) 轻钢龙骨纸面石膏板隔墙施工前应先完成结构的基本验收工作,石膏罩面板安装应待屋面、顶棚和墙抹灰完成后进行。

图 2-7　室内+500mm 标高线

(2) 室内弹出+500mm 标高线。+500mm 标高线也称为 50 线,是室内设计地坪标高以上 500mm 的线,作用是用来控制施工标高,如图 2-7 所示。

(3) 作业的环境温度不应低于 5℃。

(4) 根据设计图和提出的备料计划核查隔墙全部材料,使其配套齐全。所有的材料必须有材料检测报告和材料合格证。

(5) 主体结构墙、柱为砖砌体时,应在隔墙交接处按照 1000mm 间距预埋防腐木砖。

(6) 安装的石膏板隔墙有防潮要求时,可在地面做 120mm 高宽度与墙厚一致的混凝土地枕带,地枕带施工完毕达到设计要求强度后方可进行轻钢骨架安装。

## 2.2.3　轻钢龙骨隔墙工程施工工艺

**1. 施工工艺流程**

放线→安装沿地、沿顶及沿边龙骨→安装竖龙骨→安装通贯龙骨→安装横撑龙骨→安装一侧罩面板→设计有保温材料时填保温材料→安装另一侧罩面板→接缝处理。

**2. 施工操作要点**

轻钢龙骨的施工工艺步骤较多,下面我们分步骤详细讲解。

(1) 放线

施工时根据设计图纸确定隔墙的位置,先弹出轻钢龙骨隔墙的地面安装位置线(包括墙体厚度线、墙体中心线),如图 2-8 所示。然后使用激光水平仪或线锤将墙体的地面位置线引测至顶棚和侧墙,如图 2-9 所示。

图 2-8　弹地龙骨位置线

图 2-9　引测地面线至顶棚和侧墙

（2）安装沿地、沿顶及沿边龙骨

按照隔墙的尺寸、饰面板的规格和现场的实际情况对龙骨进行下料和切割，下料时按先裁大料后小料的原则，如图 2-10 所示为龙骨切割。然后沿弹线位置将沿顶龙骨、沿地龙骨和沿边龙骨用射钉或膨胀螺栓固定，构成边框，如图 2-11 所示。射钉或电钻打孔间距宜为 900～1000mm。龙骨与建筑基体表面接触处，应在龙骨接触面的两边各粘贴一根通长的橡胶密封条。沿地（顶）和沿边龙骨的固定方法，如图 2-12 所示。

图 2-10　切割龙骨

图 2-11　固定沿边龙骨

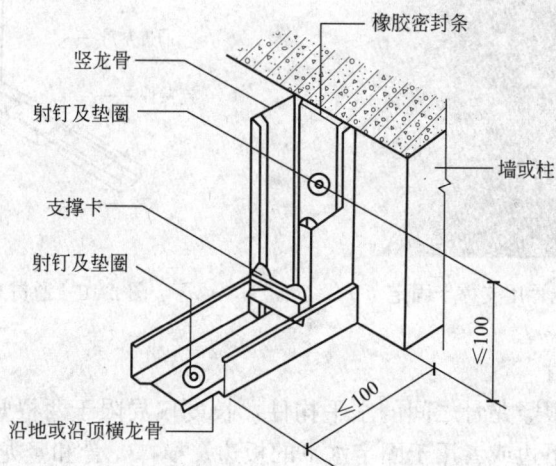

图 2-12　沿地（顶）及沿边龙骨固定

（3）安装竖龙骨

龙骨间距应按设计要求布置。设计无要求时，其间距可按板宽确定，竖龙骨中距最大不应超过 600mm。安装后的竖向龙骨与沿顶、沿地龙骨应在同一个面上。竖向龙骨可采用钳接、连接件、自攻螺钉等方法与沿顶和沿地龙骨连接，如图 2-13、图 2-14 所示分别为自攻螺钉、铆钉连接及龙骨钳连接。龙骨钳因其施工工艺简便、快速，同时能满足结构受力要求，应用越来越广泛。

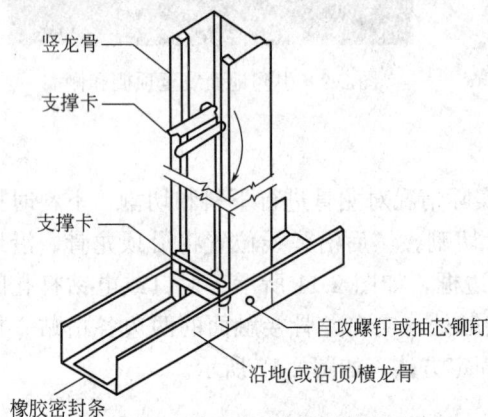

图 2-13　自攻螺钉、铆钉连接

图 2-14　龙骨钳连接

（4）安装通贯龙骨

通贯龙骨是贯穿于整个隔墙的长度方向上，与每一根竖向龙骨之间都有效连接。安装通贯横撑龙骨时，穿过竖向龙骨的贯通孔并用支撑卡将通贯龙骨固定在竖向龙骨的开口面，如图 2-15 所示。通贯龙骨可用连接件加长，如图 2-16 所示。

图 2-15　通贯龙骨用支撑卡固定

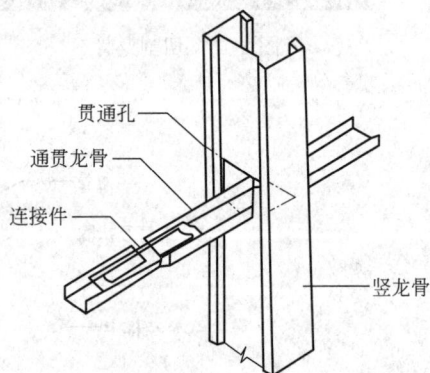

图 2-16　通贯龙骨用连接件接长

（5）安装横撑龙骨

横撑龙骨是在两根竖龙骨之间的水平构件，长度仅局限于两根竖向龙骨的间距长度，可用于门窗洞口的上下边或者用于固定水平的板边。横撑龙骨和竖龙骨之间用卡托、角托或竖龙骨开口后龙骨钳或拉铆钉固定（图 2-17）。

（6）安装一侧罩面板

安装罩面板前应检查隔墙骨架的牢固程度，门窗框等安装固定是否符合设计要求。龙骨的立面垂直度偏差应小于等于 3mm，表面平整度应小于等于 2mm。纸面石膏板一般纵向安装，石膏板与龙骨一般采用螺钉固定。石膏板可采用单层、双层和多层安装，安装双层和多层石膏板时，相邻两层板的接缝应错开，如图 2-18、图 2-19 所示。

图 2-17　安装、固定横撑龙骨

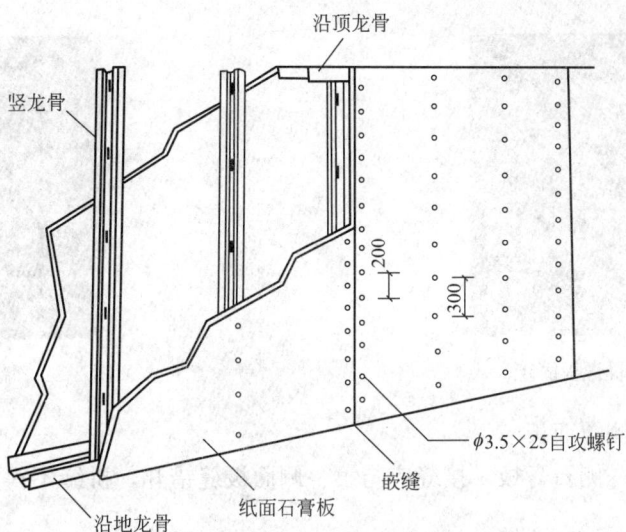

图 2-18　单层纸面石膏板面层

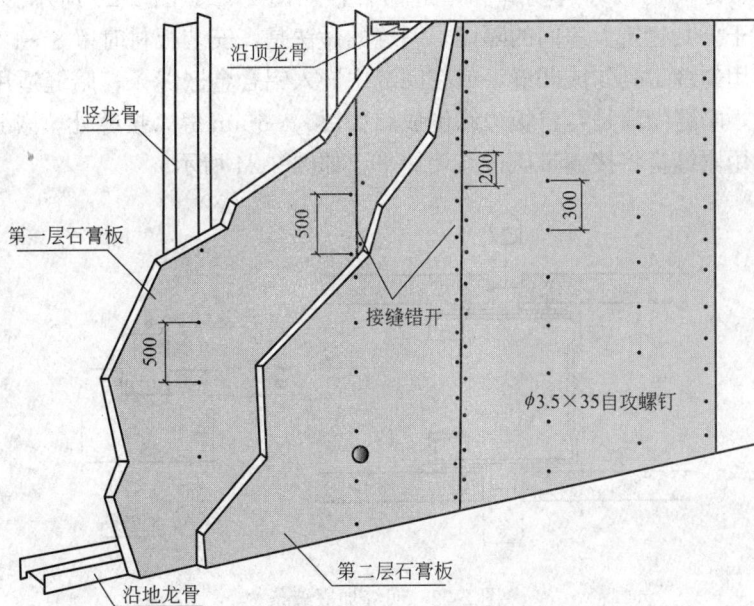

图 2-19　双层纸面石膏板面层

33

一般纸面石膏板应竖向铺设，长边接缝落在竖龙骨上。曲面墙体罩面时纸面石膏板宜横向铺设。纸面石膏板材就位后，上下两端应与上下楼板面之间分别留出 5～8mm 间隙。用自攻螺钉将板材与轻钢龙骨紧密连接，自攻螺钉的间距要求为：板边应不大于 200mm，板材中间部分应不大于 300m，自攻螺钉与石膏板边缘的距离应为 10～16mm。自攻螺钉进入轻钢龙骨内的长度不小于 10mm。板材铺钉时应从板中间向板的四边顺序固定，自攻螺钉头埋入板内但不得损坏纸面，石膏板固定如图 2-20 所示。

（7）设计有保温材料时填保温材料

板材内如果填塞保温、隔热和隔声材料，应先安装隔墙一侧的板材，待填充材料装好后再安装隔墙另一侧的板材。填充材料应铺满铺平，如图 2-21 所示。

图 2-20　石膏板固定

图 2-21　墙内填充材料

（8）安装另一侧罩面板

安装方法同第一侧石膏板，接缝应与第一侧面板缝错开，拼缝不得放在同一根龙骨上。

（9）接缝处理

纸面石膏板之间的接缝有明缝和暗缝两种，如图 2-22、图 2-23 所示。明缝一般适用于公共建筑大房间的隔墙，明缝的做法是：安装板材时留 8～12mm 的间隙，用腻子嵌入并用勾缝工具勾成凹缝，或在明缝中嵌入铝合金嵌缝条；暗缝适用于居住建筑小房间的隔墙，暗缝做法是：将板边缘倒成斜面留 3～6mm 缝，接缝处填嵌缝膏，然后粘贴接缝带，再用嵌缝膏将接缝带压住与墙抹平，如图 2-24 所示。

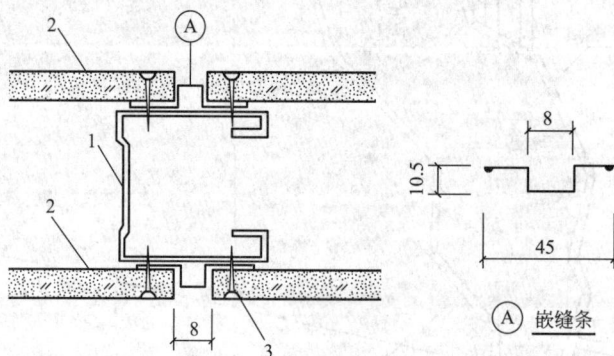

图 2-22　明缝加嵌缝条
1—竖龙骨；2—纸面石膏板；3—自攻螺钉

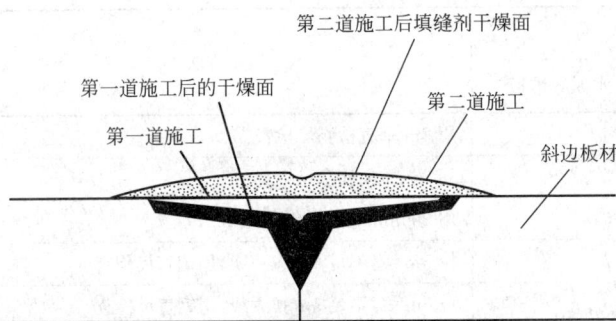

图 2-23  暗缝加填缝剂

图 2-24  刮填缝腻子

### 3. 轻钢龙骨隔墙成品保护注意事项

（1）轻钢龙骨及纸面石膏板入场、存放和使用过程中应妥善保管，保证不变形、不受潮、不污染、无损坏。

（2）轻钢龙骨隔墙施工中，应保证已安装的门窗、地面、墙面、窗台等应注意保护，防止损坏。墙内电线管及附墙设备不得碰动、错位及损伤。

（3）已安装好的墙体不得碰撞，保持墙面不受损坏和污染。

## 2.2.4  骨架隔墙工程质量验收

骨架隔墙工程质量验收主控项目与一般项目、允许偏差和检验方法应分别符合表 2-4、表 2-5 要求。

骨架隔墙施工主控项目与一般项目　　　　　　　　表 2-4

| | 内容 | 检测方法 |
|---|---|---|
| 主控项目 | 所用龙骨、配件、墙面板、填充材料及嵌缝材料的品种、规格、性能和木材的含水率应符合设计要求。有隔声、隔热、阻燃和防潮等特殊要求的工程，材料应有相应性能等级的检验报告 | 观察；检查产品合格证书、进场验收记录、性能检验报告和复验报告 |
| | 地梁所用材料、尺寸及位置等应符合设计要求。骨架隔墙的沿地、沿顶及边框龙骨应与基体结构连接牢固 | 手扳检查；尺量检查；检查隐蔽工程验收记录 |
| | 龙骨间距和构造连接方法应符合设计要求。骨架内设备管线的安装、门窗洞口等部位加强龙骨的安装应牢固、位置正确。填充材料的品种、厚度及设置应符合设计要求 | 检查隐蔽工程验收记录 |
| | 木龙骨及木墙面板的防火和防腐处理应符合设计要求 | 检查隐蔽工程验收记录 |
| | 骨架墙面板应安装牢固，无脱层、翘曲、折裂及缺损 | 观察；手扳检查 |
| | 墙面板所用接缝材料的接缝方法应符合设计要求 | 观察 |
| 一般项目 | 骨架隔墙表面应平整光滑、色泽一致、洁净、无裂缝，接缝应均匀、顺直 | 观察；手摸检查 |
| | 骨架隔墙上的孔洞、槽、盒应位置正确、套割吻合、边缘整齐 | 观察 |
| | 骨架隔墙内的填充材料应干燥，填充应密实、均匀、无下坠 | 轻敲检查；检查隐蔽工程验收记录 |

骨架隔墙安装的允许偏差和检验方法 表 2-5

| 项目 | 允许偏差（mm） | | 检验方法 |
|---|---|---|---|
| | 纸面石膏板 | 人造木板、水泥纤维板 | |
| 立面垂直度 | 3 | 4 | 用 2m 垂直检测尺检查 |
| 表面平整度 | 3 | 3 | 用 2m 靠尺和塞尺检查 |
| 阴阳角方正 | 3 | 3 | 用 200mm 直角检测尺检查 |
| 接缝直线度 | — | 3 | 拉 5m 线，不足 5m 拉通线，用钢直尺检查 |
| 压条直线度 | — | 3 | 拉 5m 线，不足 5m 拉通线，用钢直尺检查 |
| 接缝高低差 | 1 | 1 | 用钢直尺和塞尺检查 |

# 2.3 玻璃隔墙工程

玻璃隔墙就是使用玻璃作为隔墙主要材料将空间根据需求划分，从而更加合理地利用空间，满足各种家装和工装的要求。玻璃隔墙按照使用的材料和施工工艺的不同分为玻璃板隔墙和玻璃砖隔墙两大类。

**1. 玻璃板隔墙**

玻璃板隔墙主要采用安全玻璃作为主要隔墙材料。按照是否有边框，玻璃板隔墙分为有框玻璃板隔墙和无框玻璃板隔墙两种。有框玻璃板隔墙将玻璃板嵌入木框或金属框的骨架中，使隔墙具有透光性、遮挡性和装饰性，如图 2-25 所示；无框玻璃板隔墙利用受力爪件将玻璃板与基体结构连接牢固，如图 2-26、图 2-27 所示。

玻璃板隔墙

图 2-25 有框玻璃板隔墙

图 2-26 无框玻璃板隔墙　　　图 2-27 玻璃板隔墙连接件

**2. 玻璃砖隔墙**

玻璃砖隔墙是由玻璃砖砌筑而成，既能分隔空间又能采光，同样按照是否有边框也分为有框和无框两种，如图 2-28、图 2-29 所示。

图 2-28　有框玻璃砖隔墙

图 2-29　无框玻璃砖隔墙

使用玻璃隔墙既能满足使用功能，又由于玻璃的透明特性，隔离出来的小空间在视野上也不会显得狭窄，还具有很好的装饰效果，因此现代房屋装修中采用玻璃隔墙的空间越来越多。下面我们一起来学习一下玻璃砖隔墙的构造、施工工艺及玻璃隔墙工程质量验收的相关内容。

## 2.3.1　玻璃砖隔墙构造

**1. 玻璃砖简介**

玻璃砖又称特厚玻璃，有实心砖和空心砖之分。用于室内隔墙的应为空心玻璃砖。砖块四周有 5mm 深的凹槽，按其透光及透过视线效果的不同，可分为透光透明玻璃砖、透光不透明玻璃砖等。在实际工程中，常根据室内艺术格调及装饰造型的需要，选择不同的玻璃砖品种进行组合砌筑。

玻璃砖是优质的装饰新材料，具有优良的保温隔声、抗压耐磨、透光折光、防火避潮的性能，同时图案精美、华贵典雅。由于玻璃砖优异的功能和特性，已在室内外装饰中广泛使用，如水立方国家游泳馆、世博会联合国馆、上海东方体育中心等知名工程都采用了空心玻璃砖，见图 2-30、图 2-31。近年来一些新派设计师大胆采用空心砖，使玻

图 2-30　水立方国家游泳馆玻璃砖隔墙

图 2-31　世博会联合国馆玻璃砖隔墙

璃砖隔墙真正走入家装，用于建造透光隔墙、淋浴隔断、楼梯间、门厅、通道等空间的隔墙。

**2. 玻璃砖隔墙构造**

（1）无框玻璃砖隔墙构造

无框玻璃砖隔墙是利用连接件将该砌体与玻璃砖墙体外侧的砖墙或混凝土楼地板等结构拉结在一起，也就是实际上无框玻璃砖隔墙利用四周的墙体形成框架，图 2-32 所示为无框玻璃砖隔墙的常用构造做法，图 2-33 为玻璃砖隔墙预埋件做法轴测示意图。

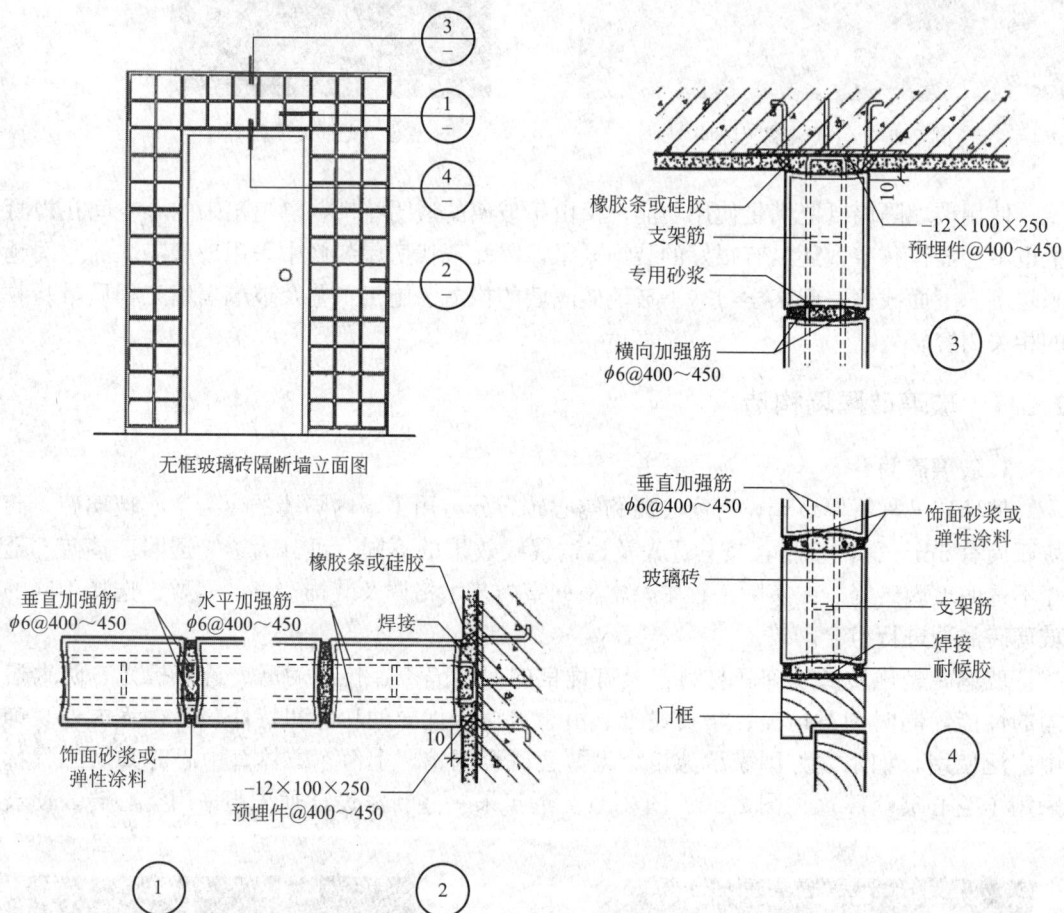

图 2-32 无框玻璃砖隔墙构造图

（2）有框玻璃砖隔墙构造

有框玻璃砖隔一般采用槽钢、铝合金框、不锈钢或黄铜等金属材料，在框体与玻璃砖之间一般设有缓冲层，即衬垫玻璃丝粘条或橡胶制品等。图 2-34 所示为有框玻璃砖隔墙的常用构造做法，图 2-35 为有框玻璃砖隔墙构造做法轴测示意图。

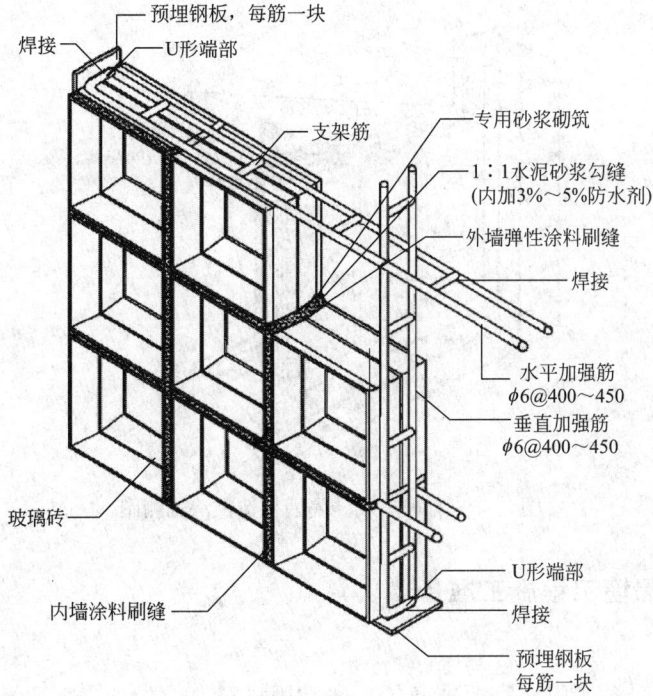

图 2-33　玻璃砖隔墙预埋件

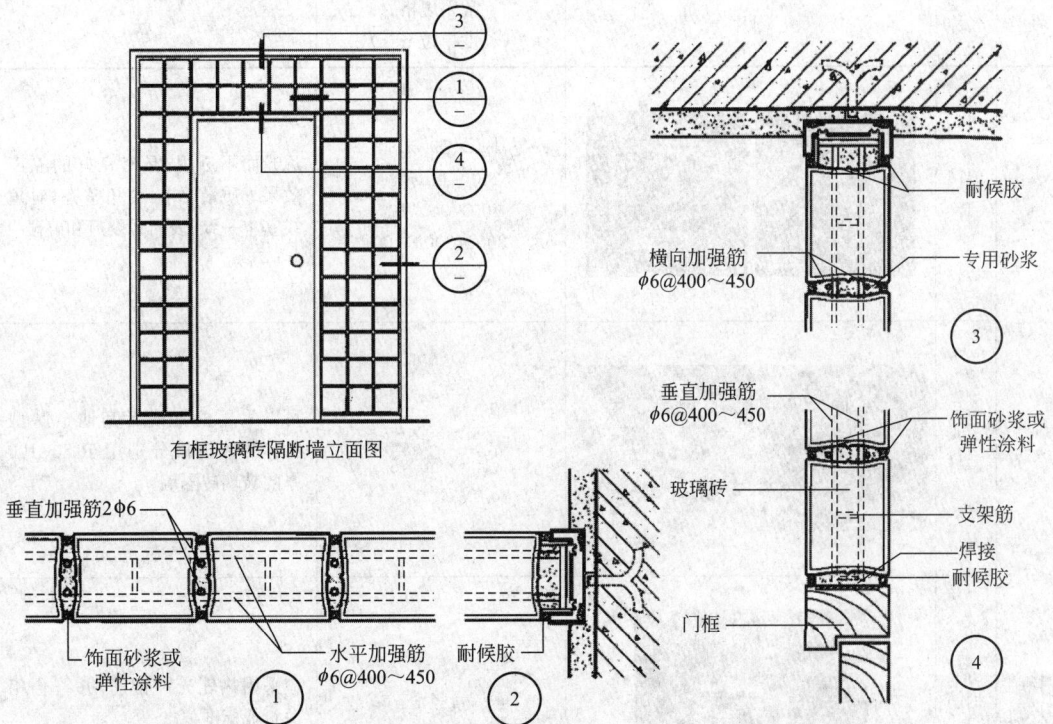

注:框料可用槽钢代替;缓冲材料常用弹性橡胶条。

图 2-34　有框玻璃砖隔墙构造图

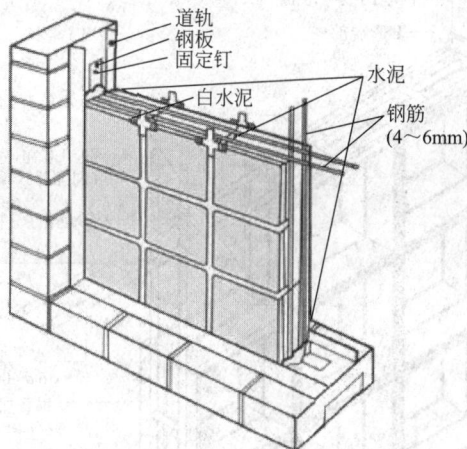

图 2-35　有框玻璃砖隔墙构造做法轴测图

## 2.3.2　玻璃砖隔墙工程施工准备

### 1. 材料要求

表 2-6 列出了玻璃砖隔墙需要准备的一些常用材料。

玻璃砖隔墙材料清单　　　　　　　　　　　　　　　　　　表 2-6

| 种类 | 名称 | 图片 | 常用规格<br>（长度单位 mm） | 特点 |
|---|---|---|---|---|
| 主材 | 玻璃砖 | | 190×190×80<br>240×115×80<br>300×90×100<br>300×300×100 | 透光而不透视，具有良好的隔声效果。质量要求：棱角整齐、对角线基本一致、表面无裂痕和磕碰 |
| | 金属型材 | | 90×50×3<br>108×50×3 | 可以采用槽钢或者其他金属型材。两种规格分别用于 80、100 厚的玻璃砖隔墙 |
| 拉结材料 | 钢筋 | | 直径 6 | 应采用热轧光圆钢筋，并符合相关行业标准要求 |

| 种类 | 名称 | 图片 | 常用规格<br>（长度单位 mm） | 特点 |
|---|---|---|---|---|
| 胶粘材料 | 水泥 | | 425 号或以上强度等级 | 普通硅酸盐水泥和普通硅酸盐白水泥。分别用于配置砌筑砂浆和勾缝砂浆 |
| | 砂子 | | 粒径 1/3 | 筛过的细河砂，不含泥及其他颜色的杂质。两种粒径分别用于勾缝和砌筑砂浆 |
| | 密封胶 | | — | 有高度防水性和气密性，使用在勾缝砂浆外面可以起到防水作用 |
| 辅料 | 定位架 | | 3/6/10 | 放置在玻璃砖接缝之间，用于施工时固定支撑玻璃砖，有定位对正的功能 |

**2. 机具设备**

玻璃砖隔墙属于湿作业，现场需要搅拌砂浆，然后从下往上一层一层完成墙体的砌筑，使用到的主要机具设备如表 2-7 所列。

玻璃砖隔墙机具设备清单　　　　　　　　　　　　　　　　　　表 2-7

| 名称 | 图片 | 用途 |
|---|---|---|
| 手持式搅拌机 | | 使用它搅拌水泥砂浆，比手动搅拌快，搅拌出的水泥砂浆更均匀 |
| 小灰铲、托灰板 | | 二者配合，把水泥砂浆放置在玻璃砖的粘接面上 |

| 名称 | 图片 | 用途 |
|------|------|------|
| 电锤 | | 利用压缩气体冲击钻头,不需要手使多大的力气,可以在混凝土、砖、石头等硬性材料上开孔,但它不能在金属上开孔 |
| 橡胶锤 | | 通过敲打起到一定的缓冲作用,玻璃砖和粘结砂浆结合得更紧密 |
| 皮数杆 | | 多用木制,是控制玻璃砖竖向施工的标志,目的是保证砖的每层高度一致,上面划有砖皮数和砖缝厚度 |

**3. 玻璃砖隔墙作业条件及注意事项**

(1)根据玻璃砖的排列做出基础底脚,底脚通常的厚度略小于玻璃砖的厚度。

(2)与玻璃砖隔墙相接的建筑墙面的侧边已经整修平整,垂直度符合要求。

(3)隔墙砌体中埋设的拉结筋、木砖已进行隐蔽验收。

(4)如果水泥砂浆需要和铝材、不锈钢连接,应在水泥砂浆和连接件之间加一层5mm的绝缘垫,防止水泥腐蚀金属。

(5)玻璃砖墙体施工时,环境温度不应小于5℃,一般适宜的工作温度为环境温度5~30℃。

(6)外墙玻璃砖施工时,风力一般应不超过4级,当超过4级风力时应采取挡风或临时支撑措施。

## 2.3.3 玻璃砖隔墙工程施工工艺

**1. 玻璃砖隔墙工艺流程**

清理基层→抄平放线→排砖→固定周边框架(有框玻璃砖隔墙)→固定竖直拉结钢筋→玻璃砖砌筑→勾缝→边饰处理→清洁。

**2. 玻璃砖隔墙施工操作要点**

(1)清理基层

清理砌筑玻璃砖隔墙周围的墙、地面基层,清除表面浮灰和杂物、平整墙角,但不要破坏防水层。

(2)抄平放线

使用激光水平仪测量,确定第一层玻璃砖的底砖水平线,见图2-36。按标高立好皮数杆，皮数杆的间距以 15～20m 为宜。砌筑前用素混凝土或垫木找平并控制好标高；在玻璃砖墙四周根据设计图纸尺寸要求弹好墙身线。

（3）排砖

根据弹好的玻璃砖墙位置线，认真核对玻璃砖墙长度尺寸是否符合排砖模数，可调整隔墙两侧的槽钢或木框的厚度及砖缝的厚度。注意隔墙两侧调整的宽度应与上部调整后的宽度尽量保持一致。

图 2-36　激光水平仪放线

（4）固定周边框架（有框玻璃砖隔墙）

将框架与结构用镀锌钢膨胀螺栓连接牢固，如图 2-37 所示。

（5）固定竖直拉结钢筋

根据室内空心玻璃砖隔墙的尺寸，加拉结钢筋的规则可查表 2-8。钢筋每端伸入金属型材框的尺寸不得小于 35mm，用钢筋增强的室内空心玻璃砖隔墙的高度不得超过 4m，如图 2-38 所示。

图 2-37　固定框架

图 2-38　固定拉结钢筋

**玻璃砖隔墙加拉结钢筋规则**　表 2-8

| 砖缝 | 隔墙高度（m） | 隔墙长度（m） | 加直径 6mm/8mm 拉结钢筋原则 |
|---|---|---|---|
| 贯通缝 | ≤1.5 | ≤1.5 | 不用加 |
| | >1.5 | ≤1.5 | 每 2 个水平缝布置 1 根钢筋 |
| | ≤1.5 | >1.5 | 每 3 个垂直缝布置 1 根钢筋 |
| | >1.5 | >1.5 | 每 2 个水平缝布置 2 根钢筋且每 3 个垂直缝布置 1 根钢筋 |
| 错缝 | ≤1.5 | ≤6 | 不用加 |
| | >1.5 | ≤6 | 每 2 个水平缝布置 1 根钢筋 |
| | ≤1.5 | >6 | 每 3 个垂直缝布置 1 根钢筋 |
| | >1.5 | >6 | 每 2 个水平缝布置 2 根钢筋且每 3 个垂直缝布置 1 根钢筋 |

（6）玻璃砖砌筑

砌墙前应双面挂线，采用十字缝立砖砌法。玻璃砖砌筑一般采用 1∶1 的白水泥或者

图 2-39　十字定位架固定玻璃砖

普通水泥砂浆，也可以采用白水泥：108 胶＝100：7 的聚合物水泥浆砌筑。每层玻璃砖在砌筑之前，宜在玻璃砖上放置十字定位架卡在玻璃砖的凹槽内，如图 2-39 所示。砌筑时，将上层玻璃砖压在下层玻璃砖上，同时使玻璃砖的中间槽卡在定位架上。每砌筑一层后，用湿布将玻璃砖面上粘着的水泥浆擦去。玻璃砖墙宜以 1.5m 高为一个施工段，待下部施工段胶结料达到设计强度后再进行上部施工。最上层的空心玻璃砖应伸入顶部的金属型材框，并用木楔固定。

（7）勾缝

玻璃砖墙砌筑完后立即进行表面勾缝，勾缝要勾严，以保证砂浆饱满。先勾水平缝再勾竖缝，缝内要平滑，缝的深度要一致。勾缝和抹缝之后，应用布或棉纱将表面擦洗干净。

（8）边饰处理

当玻璃砖墙没有外框时需要进行饰边处理，饰边通常有木饰边和不锈钢饰边等。金属型材与建筑墙体结合处以及空心玻璃砖与金属型材框翼端的结合处应用弹性密封剂密封。

**3. 玻璃砖隔墙施工注意事项**

（1）立皮数杆要保持标高一致，挂线时应拉紧，防止出现灰缝不均。

（2）水平缝砂浆要铺得稍厚一些，慢慢挤揉，立缝灌浆要捣实，勾缝要严，以保证砂浆饱满度，防止出现空隙。

（3）所有的加强钢筋、钢板及槽钢等，除不锈钢外均应当进行防锈处理。

（4）空心玻璃装饰砖墙不能承受任何垂直方向的荷载，设计、施工时应特别注意。

（5）固定金属型材框的镀锌膨胀螺栓，固定间距不得大于 500mm。

**4. 玻璃砖隔墙成品保护**

玻璃砖墙砌筑施工时，随时保持玻璃砖表面的清洁。玻璃砖墙砌筑完成后，在距玻璃砖墙两侧各约 100～200mm 处搭设木架，防止玻璃砖墙受磕碰。

## 2.3.4　玻璃隔墙工程质量验收

玻璃隔墙工程质量验收的主控项目与一般项目、允许偏差和检验方法应符合表 2-9、表 2-10 的规定。

玻璃隔墙工程质量验收的主控项目与一般项目　　　　　　　　　　　　表 2-9

| | 内容 | 检测方法 |
|---|---|---|
| 主控项目 | 玻璃隔墙工程所用材料的品种、规格、图案、颜色和性能应符合设计要求。玻璃板隔墙应使用安全玻璃 | 观察；检查产品合格证书、进场验收记录和性能检验报告 |
| | 玻璃板安装及玻璃砖砌筑方法应符合设计要求 | 观察 |
| | 有框玻璃板隔墙的受力杆件应与基体结构连接牢固，玻璃板安装橡胶垫位置应正确。玻璃板安装应牢固，受力应均匀 | 观察；手推检查；检查施工记录 |

续表

| | 内容 | 检测方法 |
|---|---|---|
| 主控项目 | 无框玻璃板隔墙的受力爪件应与基体结构连接牢固,爪件的数量、位置应正确,爪件与玻璃板的连接应牢固 | 观察;手推检查;检查施工记录 |
| | 玻璃门与玻璃墙板的连接、地弹簧的安装位置应符合设计要求 | 观察;开启检查;检查施工记录 |
| | 玻璃砖隔墙砌筑中埋设的拉结筋应与基体结构连接牢固,数量、位置应正确 | 手扳检查;尺量检查;检查隐蔽工程验收记录 |
| 一般项目 | 玻璃隔墙表面应色泽一致、平整洁净、清晰美观 | 观察 |
| | 玻璃隔墙接缝应横平竖直,玻璃应无裂痕、缺损和划痕 | 观察 |
| | 玻璃板隔墙嵌缝及玻璃砖隔墙勾缝应密实平整、均匀顺直、深浅一致 | 观察 |

玻璃隔墙安装允许偏差和检验方法　　　　　　表 2-10

| 项目 | 允许偏差(mm) | | 检验方法 |
|---|---|---|---|
| | 玻璃板 | 玻璃砖 | |
| 立面垂直度 | 2 | 3 | 用2m垂直检测尺检查 |
| 表面平整度 | — | 3 | 用2m靠尺和塞尺检查 |
| 阴阳角方正 | 2 | — | 用200mm直角检测尺检查 |
| 接缝直线度 | 2 | — | 拉5m线,不足5m拉通线,用钢直尺检查 |
| 接缝高低差 | 2 | 3 | 用钢直尺和塞尺检查 |
| 接缝宽度 | 1 | | 用钢直尺检查 |

## 【单元总结】

轻质隔墙特点是自重轻、墙身薄、拆装方便、节能环保、有利于建筑工业化施工。按构造方式和所用材料不同分为砌块隔墙、板材隔墙、骨架隔墙、玻璃隔墙。我们在这一单元中学习了其中最常用的两种类型:骨架隔墙和玻璃隔墙。从它们的构造做法、使用的工具、设备、材料到施工工艺流程,以及质量要求和检测方法等,琐碎的知识点需要大家慢慢积累。

无论是家装还是工装,从设计效果到实际工程完成,三分靠材料七分靠施工。就是说,即使是再好的材料,如果施工工艺很差效果还是一塌糊涂。大家从现在开始就要严格要求自己,学好扎实的理论和实践知识,对于装饰工程的工艺要求要做到精益求精,将"工匠精神"融入到学习和实践中,将来才能成为真正的大国工匠。

## 【技能训练】轻钢龙骨纸面石膏板隔墙设计和实训

按照隔墙工位平面图和立面图完成轻钢龙骨纸面石膏板隔墙的龙骨和面板的设计和施工(如图 2-40 所示)。隔墙龙骨为 75 系列隔墙龙骨,9.5mm 厚纸面石膏板,具体要求如下:

1. 必须按照操作规程进行施工;
2. 竖向龙骨间距不大于 400mm;
3. 设置贯通龙骨 1 道,贯通龙骨距离 ±0.000 标高是 350mm;

4．纸面石膏板之间板缝为 5mm，纸面石膏板与四周墙之间板缝为 5～8mm；

5．在图 2-40 要求范围安装内吸音材料；

6．按照操作规程施工；

7．质量要求按照《建筑装饰装修工程质量验收标准》GB 50210 中的有关规定执行。

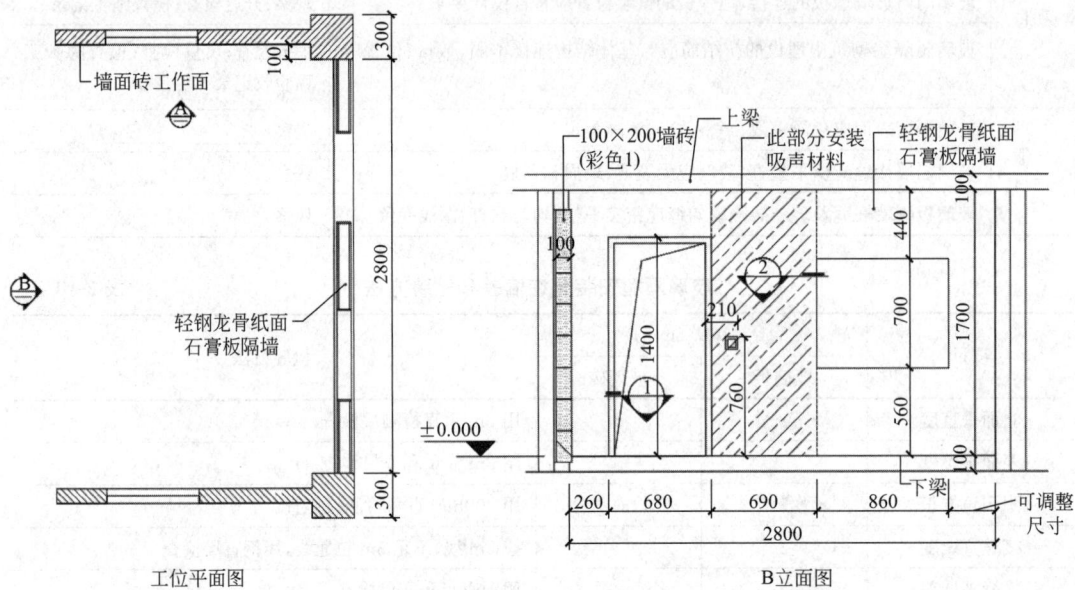

图 2-40　隔墙工位平面图和立面

【思考及练习】

1．简答题

（1）隔墙和隔断的特点是什么？

（2）叙述轻钢龙骨隔墙的施工工艺流程。

（3）玻璃砖隔墙砌筑时的注意事项有哪些？

2．填空题

（1）轻钢龙骨石膏板隔墙面板应采用_____固定。周边螺钉的间距不应大于_____ mm，中间部分螺钉的间距不应大于_____ mm，螺钉与板边缘的距离应为_____ mm。

（2）轻钢龙骨隔墙安装横向通贯龙骨，高度低于 3m 的隔墙安装_____道；3～5m 时安装_____道。

（3）玻璃隔墙按采用的材料不同分为_____隔墙工程、_____隔墙工程。

（4）玻璃砖墙宜以_____ m 高为一个施工段，待下部施工段胶结材料达到设计强度后再进行上部施工。

（5）玻璃板隔墙应使用_____玻璃。

（6）骨架隔墙是指在隔墙龙骨两侧安装墙面板以形成墙体的轻质隔墙。龙骨安装的允许偏差，立面垂直_____ mm，表面平整_____ mm。

# 教学单元 3　吊顶工程

## 【教学目标】

1.知识目标
- 掌握轻钢龙骨纸面石膏板吊顶的构造、施工工艺；
- 掌握金属板吊顶的构造、施工工艺；
- 了解金属格栅吊顶的构造、施工工艺；
- 熟悉吊顶的质量验收标准。

2.能力目标
- 能够正确选择吊顶工程的材料和机具；
- 培养解决现场施工常见工程质量问题的能力。

## 【思维导图】

```
                          ┌─── 整体面层吊顶 ───┬─── 轻钢龙骨纸面石膏板吊顶
                          │                    └─── 木龙骨纸面石膏板吊顶
                          │
                          │                    ┌─── 集成吊顶
  吊顶 ───────────────────┼─── 板块面层吊顶 ───┤
                          │                    └─── 矿棉板吊顶
                          │
                          │                    ┌─── 金属格栅吊顶
                          └─── 格栅吊顶 ───────┼─── 塑料格栅吊顶
                                               └─── 木格栅吊顶
```

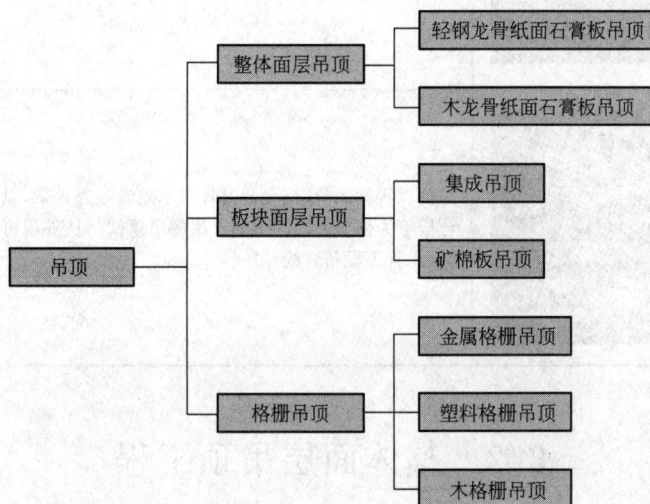

## 3.1　认识吊顶工程

　　房屋顶面的装饰施工有直接式顶棚和悬吊式顶棚两种。直接式顶棚是直接在楼板混凝土基层找平后进行涂饰、裱糊、粘贴装饰材料，一般用于层高较低或一般的住宅、办公楼等建筑，是一种简单实用的装修形式；悬吊式顶棚是在建筑物结构层下部悬吊由骨架及饰面板组成的装饰构造层，是建筑装饰工程的一个重要子分部工程。吊顶具有保温、隔热、隔声、弥补房屋本身的缺陷、增加空间的层次感、便于补充光源、便于清洁的作用，同时也是通风、空调、通信、防火等管线设备工程的隐蔽层。

吊顶的类型很多，按照不同的分类标准有不同的分类。如按照龙骨材料可分为木龙骨吊顶、轻钢龙骨吊顶、铝合金吊顶等；按照顶棚结构层的显露状况可分为开敞式吊顶、封闭式吊顶；按照顶棚承重能力可分为上人吊顶、不上人吊顶；按照面层结构和施工工艺可分为整体面层吊顶、板块面层吊顶、格栅吊顶等，见表 3-1。

吊顶分类 表 3-1

| 类别 | 图片 | 内容 |
|---|---|---|
| 整体面层吊顶 | | 包括以轻钢龙骨、铝合金龙骨和木龙骨等为骨架，以石膏板、水泥纤维板和木板等为整体面层的吊顶。最常见的是轻钢龙骨纸面石膏板吊顶，表面处理完成后，看不到接缝 |
| 板块面层吊顶 | | 包括以轻钢龙骨、铝合金龙骨和木龙骨等为骨架，以石膏板、矿棉板、金属板、木板、塑料板、玻璃板和复合板等块材作为面层的吊顶。板块面层吊顶外表有接缝或者能看到龙骨但是不透明，不能看到吊顶后面的管线等 |
| 格栅吊顶 | | 包括以轻钢龙骨、铝合金龙骨和木龙骨等为骨架，以金属、木材、塑料和复合板等为格栅面层的吊顶。格栅吊顶就是从外观可以看到吊顶后面的风道、水管等设备管线 |

# 3.2　整体面层吊顶工程

整体面层吊顶工程包括以轻钢龙骨、铝合金龙骨和木龙骨等为骨架，以石膏板、水泥纤维板和木板等为整体面层的吊顶。下面以轻钢龙骨纸面石膏板吊顶为例进行详细讲解。

## 3.2.1　轻钢龙骨纸面石膏板吊顶构造

轻钢龙骨纸面石膏板吊顶是以轻钢龙骨为吊顶的基本骨架，纸面石膏板作为基层板材，再在表面进行装饰饰面的顶棚，骨架和面板的构造如图 3-1、图 3-2 所示。

纸面石膏板质量轻、隔热、隔声、抗震，施工中可锯、可切、可刨、易加工，这种吊顶具有设置灵活、装拆方便，因此广泛用于公共建筑及住宅建筑中。

吊件
C38/C50/C60

横撑龙骨
C50×20

次龙骨
C50×20
(C60×27)

≤1200

主龙骨
(承载龙骨)
C50×20
(C60×27)
间距1200

400

400

400

纸面石膏板

不上人吊顶示意图

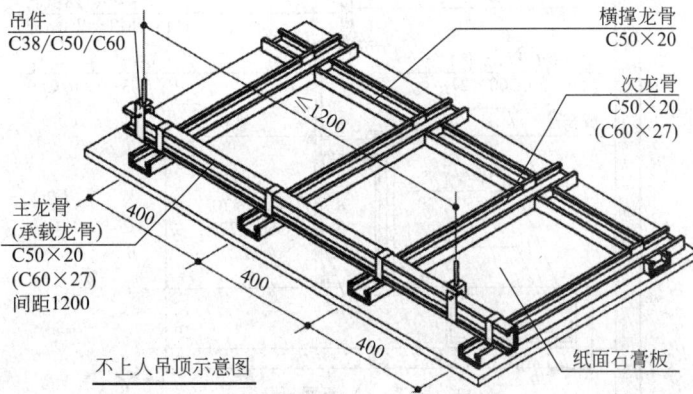

图 3-1　轻钢龙骨纸面石膏板吊顶示意图

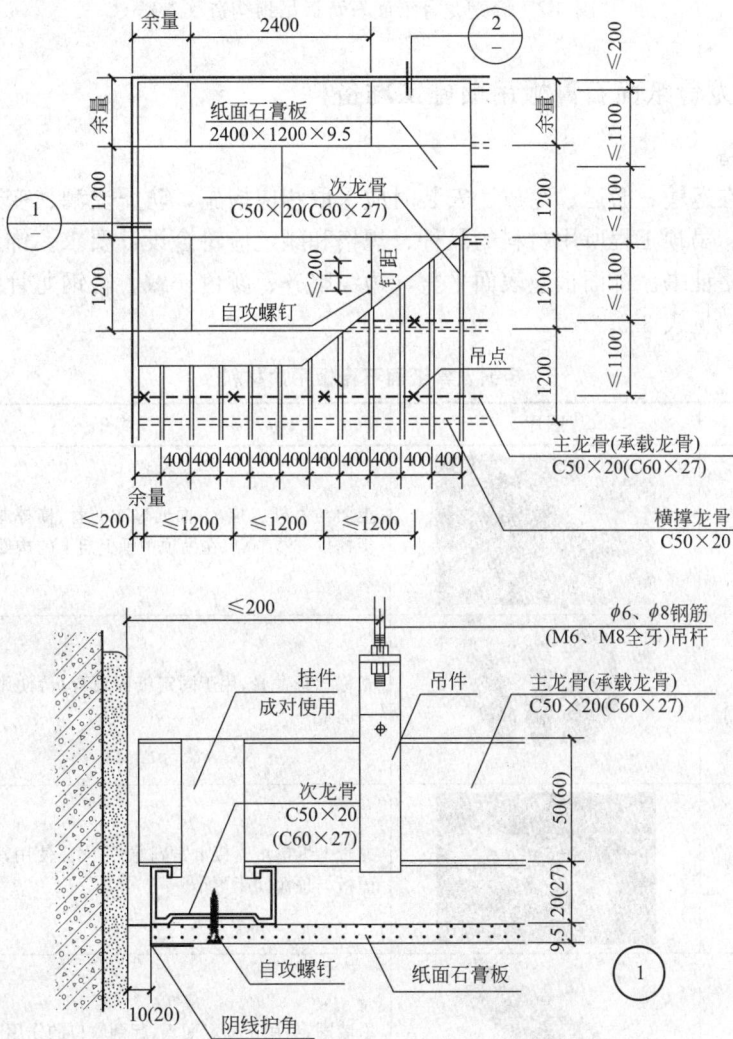

余量

2400

2

纸面石膏板
2400×1200×9.5

次龙骨
C50×20(C60×27)

≤200

钉距

自攻螺钉

吊点

≤200

≤1100

≤1100

≤1100

≤1100

1200

1200

1200

1200

1200

1200

1

主龙骨(承载龙骨)
C50×20(C60×27)

横撑龙骨
C50×20

400 400 400 400 400 400 400 400 400 400

余量
≤200

≤1200

≤1200

≤1200

≤200

φ6、φ8钢筋
(M6、M8全牙)吊杆

挂件
成对使用

吊件

主龙骨(承载龙骨)
C50×20(C60×27)

次龙骨
C50×20
(C60×27)

50(60)

20(27)

9.5

自攻螺钉

纸面石膏板

10(20)

阴线护角

1

图 3-2　轻钢龙骨纸面石膏板吊顶构造（一）

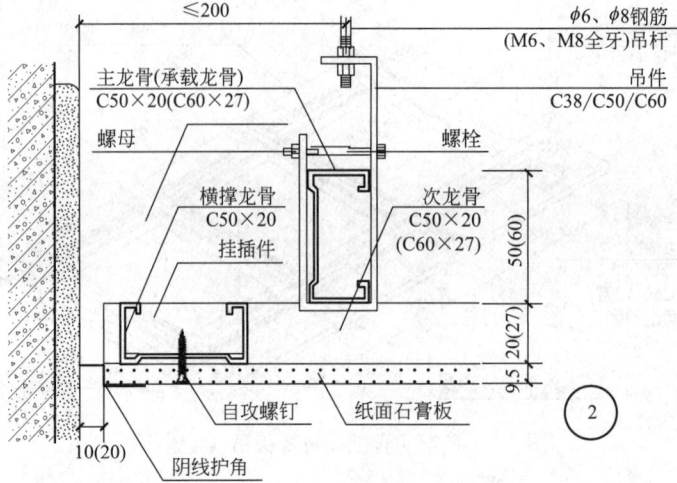

图 3-2 轻钢龙骨纸面石膏板吊顶构造（二）

## 3.2.2 轻钢龙骨纸面石膏板吊顶施工准备

### 1. 材料准备

吊顶材料在运输、搬运、存放、安装时应采取相应措施，防止受潮、变形及损坏板材的表面和边角。吊顶工程所用材料的品种、规格和颜色应符合设计要求。饰面板、金属龙骨应有产品合格证书。饰面板应表面平整，边缘整齐、颜色一致。轻钢龙骨纸面石膏板吊顶施工所需材料见表 3-2。

轻钢龙骨纸面石膏板吊顶材料 表 3-2

| 类别 | 名称 | 图片 | 简介 |
|---|---|---|---|
| 龙骨 | 主龙骨 |  | 上面与吊杆连接,下面通过次龙骨、横撑龙骨,为面层罩面板提供安装节点,在吊顶中承上启下的构件 |
| | 次龙骨、横撑龙骨 |  | 又称C形龙骨,用于固定纸面石膏板,使用时平面向下,开口向上 |
| | 卡式龙骨 |  | 龙骨上卡槽可直接卡紧副龙骨,无需使用其他连接件,可使面板与顶棚间更小 |
| | 边龙骨 |  | 沿墙固定,用于固定面板,起到收口的作用 |

续表

| 类别 | 名称 | 图片 | 简介 |
|------|------|------|------|
| 吊挂件 | 吊杆 | | 吊杆多采用螺纹吊杆,可根据吊顶高度设计切割不同长度,上部连接膨胀螺栓,下部连接吊挂件。轻型吊顶吊杆用 $\phi6\sim\phi8$ 的钢筋,重型(上人)吊顶用 $\phi8\sim\phi10$ 钢筋,或经结构计算确定吊杆断面 |
| | 吊挂件 | | 用于连接吊杆和主龙骨,型号应与主龙骨配套 |
| | 挂件 | | 将次龙骨挂在主龙骨上,必要时可两个一组使用,提高承重能力 |
| 连接件 | 连接件 | | 当吊顶面积较大,长度超出主龙骨长度时,需将主龙骨用此连接件连接,保证龙骨稳定 |
| | 挂插件 | | 次龙骨与横撑龙骨连接件 |
| 饰面板 | 纸面石膏板 | | 纸面石膏板有多种类型和型号 |

| 类别 | 名称 | 图片 | 简介 |
|---|---|---|---|
| 辅助材料 | 防锈漆 | | 涂刷在金属表面,用于金属材料防锈 |
| | 自攻螺钉 | | 用于将纸面石膏板固定在次龙骨、横撑龙骨上 |
| | 白乳胶 | | 用途广泛,建筑装饰工程里常用于粘结石膏板、接缝带、澳松板 |
| | 嵌缝石膏 | | 用于板缝嵌补,刮平后粘贴接缝带 |
| | 接缝带 | | 用于防止基层开裂,使用部位如石膏板缝、墙体开槽处、封堵门洞处等各种易开裂部位 |
| | 砂纸 | | 用于打磨基层,可先用较粗砂纸快速打磨再用较细砂纸打磨使表面更平滑细致 |

**2. 机具准备**

轻钢龙骨纸面石膏板吊顶用到的机具设备大多与轻钢龙骨纸面石膏板隔墙相同,包括墨斗、冲击钻、切割机、拉铆枪、链带螺钉枪（或电动螺丝刀）、美工刀、铲刀、靠尺、钢卷尺、水平尺等，除此之外还会用到无尘打磨机等，见表 3-3。

轻钢龙骨纸面石膏板吊顶机具　　　　　　　表 3-3

| 名称 | 图片 | 简介 |
|---|---|---|
| 无尘打磨机 | | 适用于大面积打磨,自带吸尘器,打磨效率高,更卫生,避免扬尘对工人的呼吸道伤害,但灵活性较差 |
| 石膏板锉刀 | | 用于石膏板切割边的倒角处理 |

**3. 作业条件**

（1）屋面防水、隐蔽工程验收合格。顶棚中各种管线及设备已安装完毕并通过验收。确定好灯位、通风口及各种明露孔口位置。

（2）操作平台架设完毕，通过安全验收。

（3）材料进场验收，配套材料齐全。

（4）大面积施工前应做样板间，对顶棚的起拱度、灯槽、通风口等处进行构造处理，通过样板间决定分块及固定方法，经鉴定认可后方可大面积施工。

### 3.2.3　轻钢龙骨纸面石膏板吊顶施工工艺

**1. 施工工艺流程**

测量放线定位→安装吊杆→安装边龙骨→安装主龙骨→安装次龙骨→安装横撑龙骨→安装罩面板→面层处理。

**2. 施工操作要点**

（1）测量放线定位

测量放线包括水平标高线、吊杆位置线、顶棚造型位置线、大中型灯位线。标高线应根据室内墙面施工水平基准线确定，由水平基准线用尺量至顶棚的设计标高位置，在四周墙上用墨线弹线，弹线应清晰、准确。按设计要求弹好主、次龙骨的安装位置线，如图 3-3 所示。

（2）安装吊杆

主龙骨吊点间距、起拱高度应符合设计要求。当设计无要求时，吊点间距应小于

图 3-3　吊顶弹线

1.2m。吊杆距主龙骨端部距离不得超过300mm，超过300mm应加设吊杆。当吊杆与设备相遇时，应调整吊点或增设吊杆。吊杆与结构连接固定有三种方法，分别为在吊点位置预留埋件、钉入带孔射钉、打孔埋膨胀螺栓。图 3-4 所示为用冲击钻在顶棚弹好的吊杆位置上钻孔埋入膨胀螺栓，将吊挂件安装到螺纹吊杆上，可通过吊杆上的螺栓调整吊件的位置，从而调整主龙骨的高度。

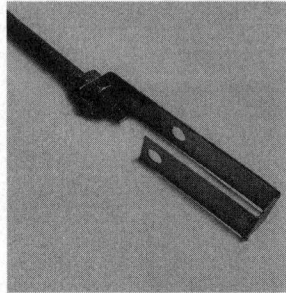

(a) 　　　　　　　　　　　(b)

图 3-4　安装吊杆
(a) 顶棚钻孔；(b) 吊挂件

（3）安装边龙骨

边龙骨沿墙面或柱面标高线钉牢，用射钉或高强水泥钉固定，钉的间距应 400～600mm，如图 3-5 所示。有附加荷载的吊顶需按 900～1000mm 的间距预埋防腐木砖，将边龙骨与木砖固定。边龙骨底面应与吊顶标高基线平（罩面板钉装时应减去板材厚度）且必须牢固可靠。

（4）安装主龙骨

主龙骨间距一般为不大于 1100mm，离墙边第一根主龙骨距离不超过 200mm（排列最后距离超过 200mm 应增加一根主龙骨）。将主龙骨放置到吊杆的吊挂件中，拧紧吊挂件上的螺母固定主龙骨，如图 3-6 所示。主龙骨接长需用专用连接件，相邻龙骨连接位置应错开。主龙骨与吊件、吊杆安装就位后利用吊杆上的螺母进行整体调平，主龙骨按房间短向跨度的 1‰～3‰ 起拱。

图 3-5　安装边龙骨

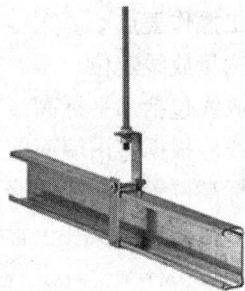

图 3-6　吊杆、吊件、主龙骨

卡式主龙骨上部有预留孔洞，可直接与吊杆连接，不需使用吊挂件，如图 3-7 所示。重型灯具、电扇及其他重型设备严禁安装在吊顶龙骨上，应通过吊杆直接与结构相连接。

（5）安装次龙骨

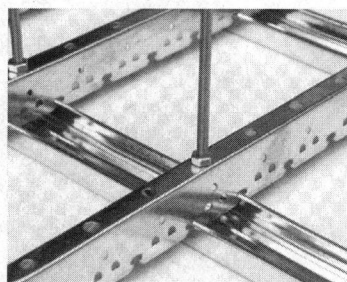

图 3-7　卡式主龙骨与
吊杆、次龙骨连接

次龙骨通过吊挂件吊挂在主龙骨上，并落在边龙骨内，如图 3-8 所示。次龙骨间距一般为 400～600mm，如图 3-9 所示。主龙骨与次龙骨的配套吊挂件将二者上下连接固定，挂件的下部勾挂住次龙骨，上端搭在主龙骨上，如图 3-10 所示。使用卡式主龙骨可直接卡紧次龙骨，不需使用吊挂件。

图 3-8　次龙骨、边龙骨位置

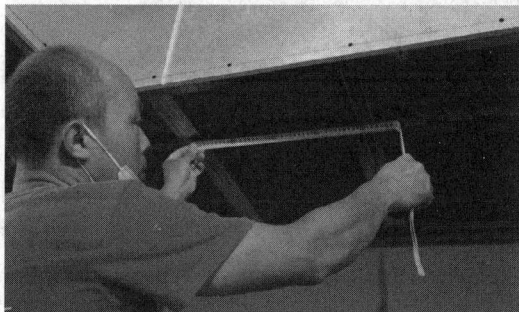

图 3-9　次龙骨间距

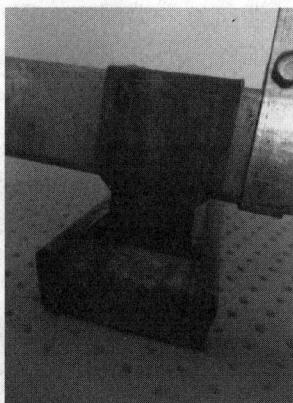

(a)

(b)

图 3-10　安装次龙骨

(a) 吊挂件下部钩挂次龙骨；(b) 吊挂件上部连接主龙骨

（6）安装横撑龙骨

横撑龙骨通过挂插件连接次龙骨，底面与次龙骨平齐，如图 3-11 所示。龙骨与龙骨交接部位、折角部位用拉铆钉固定，如图 3-12 所示。

图 3-11　挂插件连接横撑龙骨与次龙骨

图 3-12　拉铆钉固定龙骨

（7）安装罩面板

所有龙骨调整完毕后可安装罩面板，纸面石膏板必须在无应力状态下安装，要防止强行就位。安装时用木支撑临时支撑，并使板与骨架压紧，待螺钉固定完才能移除支撑。

轻钢龙骨纸面石膏板吊顶

1）根据龙骨尺寸切割石膏板，如有烟感、射灯等端口应做好标记。安装纸面石膏板从吊顶的一端开始，沿龙骨方向错缝安装逐块排列，余量放在最后安装。相邻两张石膏板在同一龙骨上搭接宽度应基本相等，安装时板间预留 3mm 左右的缝隙。石膏板边做八字倒角避免开裂，如图 3-13 所示。

2）安装石膏板时应从板的中部向四边或从一端向另一端固定。用电动螺钉枪将专用防锈自攻螺钉一次打入并拧紧。沿石膏板周边钉距宜为 150～170mm，板中钉距不得大于 200mm；螺钉距原板边应为 10～15mm，距切割边应为 15～20mm。螺钉应与板面垂直，钉头略埋入板内 0.5～1.0mm，并不得损坏纸面，如图 3-14 所示。石膏板的板边必须落在龙骨上不得悬空。安装双层纸面石膏板时，基层板与面层板的应错缝安装，不得在同一根龙骨上。拐角处石膏板应做 L 形，不能直接在拐角处接缝，否则容易开裂，如图 3-15 所示。

图 3-13　石膏板接缝处板边处理

图 3-14　安装石膏板

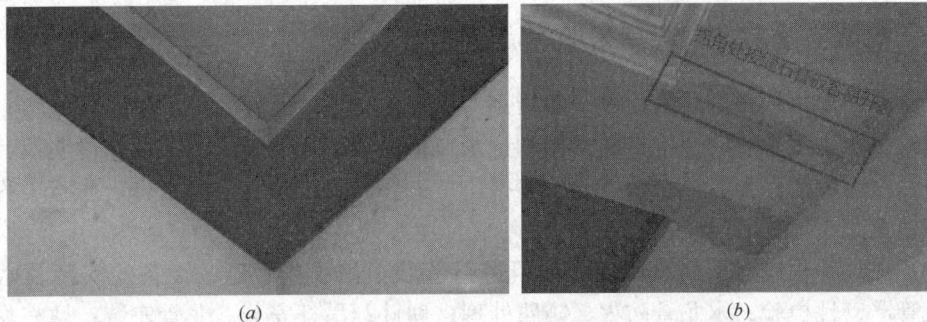

图 3-15　拐角处石膏板处理
(a) 石膏板切割成 L 形；(b) 接缝开裂

3）螺钉端头、板缝等细部处理。外露自攻螺丝端头点涂防锈漆，如图 3-16 所示。调制嵌缝腻子不要一次性调制太多，45min 之内应使用完毕，超过时间不能再加水使用。用小刮刀将嵌缝腻子均匀饱满地嵌入板缝与钉眼内，将多余腻子刮走使石膏板表面平整。随即在板缝处涂刷白乳胶，粘贴玻纤网格带或牛皮纸带等防开裂绷带，用刮刀将其刮平、粘牢，必要时可贴两层，如图 3-17 所示。

图 3-16　点涂防锈漆

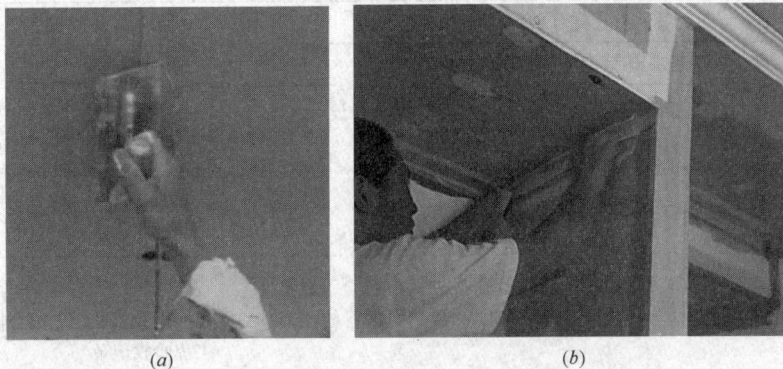

图 3-17　板缝处理
(a) 石膏嵌缝；(b) 贴防开裂绷带

（8）面层处理
待嵌缝腻子和防开裂绷带干透后满刮腻子，腻子干透后进行面层打磨。此步骤一般在完成地砖铺贴后和墙体刮腻子、打磨同时进行，如图 3-18 所示。饰面板上的灯具、烟感器、喷淋头、风口箅子等设备的位置应合理、美观，与饰面板交接处应严密。安装设备应在面层涂饰或其他饰面施工完成后进行。

图 3-18　面层打磨

### 3.2.4　整体面层吊顶工程质量验收

**1. 整体面层吊顶工程质量验收一般规定**

（1）吊顶工程验收时应检查的文件和记录包括吊顶工程的施工图、设计说明及其他设计文件；材料的产品合格证书、性能检验报告、进场验收记录和复验报告；隐蔽工程验收记录；施工记录等。

（2）吊顶工程应对下列隐蔽工程项目进行验收：吊顶内管道、设备的安装及水管试压、风管严密性检验；木龙骨防火、防腐处理；埋件；吊杆安装；龙骨安装；填充材料的设置。吊顶工程中的埋件、钢筋吊杆和型钢吊杆应进行防腐处理。

（3）吊顶工程的木龙骨和木面板应进行防火处理，并应符合有关设计防火标准的规定。安装面板前应完成吊顶内管道和设备的调试及验收。

（4）安装龙骨前，应按设计要求对房间净高、洞口标高和吊顶内管道、设备及其支架的标高进行交接检验。

（5）吊顶埋件与吊杆的连接、吊杆与龙骨的连接、龙骨与面板的连接应安全可靠。

（6）重型设备和有振动荷载的设备严禁安装在吊顶工程的龙骨上。

**2. 整体面层吊顶工程质量验收**

整体面层吊顶工程质量验收的主控项目与一般项目、允许偏差和检验方法应分别符合表 3-4、表 3-5 的规定。

整体面层吊顶工程质量验收的主控项目与一般项目　　　　　　　　　　　　　表 3-4

| | 内容 | 检测方法 |
|---|---|---|
| 主控项目 | 吊顶标高、尺寸、起拱和造型应符合设计要求 | 观察；尺量检查 |
| | 面层材料的材质、品种、规格、图案、颜色和性能应符合设计要求及国家现行标准的有关规定 | 观察；检查产品合格证书、性能检验报告、进场验收记录和复验报告 |
| | 整体面层吊顶工程的吊杆、龙骨和面板的安装应牢固 | 观察；手扳检查；检查隐蔽工程验收记录和施工记录 |
| | 吊杆和龙骨的材质、规格、安装间距及连接方式应符合设计要求。金属吊杆和龙骨应经过表面防腐处理；木龙骨应进行防腐、防火处理 | 观察；尺量检查；检查产品合格证书、性能检验报告、进场验收记录和隐蔽工程验收记录 |
| | 石膏板、水泥纤维板的接缝应按其施工工艺标准进行板缝防裂处理。安装双层板时，面层板与基层板的接缝应错开，并不得在同一根龙骨上接缝 | 观察 |
| 一般项目 | 面层材料表面应洁净、色泽一致，不得有翘曲、裂缝及缺损。压条应平直、宽窄一致 | 观察；尺量检查 |
| | 面板上的灯具、烟感器、喷淋头、风口箅子和检修口等设备设施的位置应合理、美观，与面板的交接应吻合、严密 | 观察 |
| | 金属龙骨的接缝应均匀一致，角缝应吻合，表面应平整，应无翘曲和锤印。木质龙骨应顺直，应无劈裂和变形 | 检查隐蔽工程验收记录和施工记录 |
| | 吊顶内填充吸声材料的品种和铺设厚度应符合设计要求，并应有防散落措施 | 检查隐蔽工程验收记录和施工记录 |

**整体面层吊顶工程安装的允许偏差和检验方法**　　表 3-5

| 项目 | 允许偏差(mm) | 检验方法 |
|---|---|---|
| 表面平整度 | 3 | 用 2m 靠尺和塞尺检查 |
| 缝格、凹槽直线度 | 3 | 拉 5m 线,不足 5m 拉通线,用钢直尺检查 |

# 3.3　板块面层吊顶工程

板块面层吊顶包括以轻钢龙骨、铝合金龙骨和木龙骨等为骨架,以石膏板、矿棉板、金属板、木板、塑料板、玻璃板和复合板等块材为面层的吊顶。板块面层吊顶广泛应用于住宅、商业空间、办公空间、医院、学校等顶棚装饰。

板块面层吊顶一般由吊杆、龙骨、饰面板、配套部件构成,根据饰面板的不同龙骨的形式多种多样。面层多为活动装配式,便于隐蔽层内管线设备维修,本章以金属板吊顶为例进行讲解。

## 3.3.1　金属板吊顶构造

金属板吊顶又称集成吊顶,是将照明、排风、喷淋等产品集合在吊顶内的一体化吊顶。金属吊顶不仅能够防火、防潮,吸声、隔声,还有独特的抗静电防尘效果,将吊顶的功能与美观完美结合。金属吊顶从机场、商场、办公等公共场所到家用吊顶市场迅速发展。

金属吊顶的面板主要原料是铝锰合金或铝镁合金,材质的柔韧性与硬度好,吊顶更轻、薄、坚硬,有韧性。一些金属吊顶独特的加工工艺消除了吊顶表面的腐蚀与磨损问题,使吊顶表面的抗腐蚀与抗磨损能力得到非凡的提升,构造如图 3-19 所示。

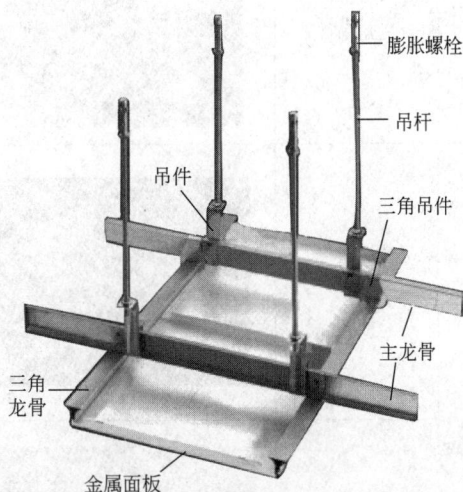

图 3-19　金属板吊顶构造

## 3.3.2　金属板吊顶施工准备

**1. 金属板吊顶材料准备**

金属板吊顶需要的材料除了和轻钢龙骨相同的吊杆、吊件、主龙骨外,还包括次龙骨(三角龙骨)、边龙骨(烤漆龙骨)、吊挂件(三角吊件)、金属面板及各种配件,见表 3-6。

金属板吊顶材料清单 表 3-6

| 名称 | | 图片 | 简介 |
|---|---|---|---|
| 龙骨 | 次龙骨<br>(三角龙骨) | | 连接主龙骨形成骨架,并且固定金属面板 |
| | 边龙骨<br>(烤漆龙骨) | | 即收边条,可起到支撑固定面板并收口的作用 |
| 连接件 | 吊挂件<br>(三角吊件) | | 用于连接主龙骨和三角龙骨 |
| 覆面材料 | 金属板 | | 金属板主要原料是铝锰合金或铝镁合金,其板面平整,棱线分明,具有阻燃性、防腐性、防潮性良好等优点。常用的有方板和条板两种,规格有:300mm×300mm、300mm×450mm、300mm×600mm、600mm×600mm、800mm×800mm、300mm×1200mm、600mm×1200mm 等 |
| | 灯具 | | 多为 LED 灯,节能、环保、寿命长、光效高,规格与金属扣板规格配套 |
| 辅助材料 | 玻璃胶 | | 用于粘结边龙骨与墙体缝隙 |

**2. 金属板吊顶机具准备**

金属板吊顶施工会用到墨斗、冲击钻、切割机、美工
刀、方尺、钳子、剪刀、铲刀、靠尺、钢卷尺、水平尺、
胶枪、小毛刷、抹布等，如图 3-20 所示。

图 3-20 胶枪

**3. 金属板吊顶作业条件**

（1）吊顶房间楼地面、墙面装修工程已完成。吊顶内
的管道、设备安装完成，水管试压、电气线路通试经过验收。

（2）材料进场，配套齐全、复验合格。各种机具就位，试运转良好。

（3）测量室内尺寸，根据顶面形状、管线设备位置进行施工设计，制定施工方案。

### 3.3.3 金属板吊顶施工工艺

**1. 金属板吊顶施工工艺流程**

弹线定位→固定吊杆→安装边龙骨→安装主龙骨→安装三角龙骨→安装
金属板→安装灯具等→面层清理。

**2. 金属板吊顶施工操作要点**

（1）弹线定位

根据吊顶的设计标高在四周墙上弹出水平标高线，在顶部弹出吊杆位置线。在厨房卫
生间等贴砖墙面划线可根据砖缝位置测量做出标记，在涂饰墙面或裱糊墙面应两人配合，
用水平仪找出水平基准线，再向上测量标记吊顶标高位置。

（2）固定吊杆

用冲击钻在吊杆固定点钻孔，埋入膨胀螺栓螺纹吊杆。吊杆间距 900～1200mm。当
吊杆与设备相遇时，应调整吊点构造或增设吊杆。

（3）安装边龙骨

按墙上弹的水平控制线把 L 形边龙骨（收边条）固定在墙面上。如基层为板材或木质
材料可用自攻螺丝固定；如为混凝土墙可用射钉固定，射钉间距应不大于 300mm；如基
层为瓷砖贴面可直接用酸性玻璃胶或强力胶将边龙骨粘在墙面上，如图 3-21 所示。收边
条应顺直，胶不能过多以免挤出出现胶渍。在阴阳角处边龙骨应切成 45°倒角处理，边缘
应整齐无毛刺无缝隙，如图 3-22 所示。安装收边条后应完全覆盖吊顶标高位置所做标记，
不得外露。

图 3-21 边龙骨涂胶

图 3-22 阴阳角处边龙骨处理

（4）安装主龙骨

通过吊杆连接吊件固定主龙骨，主龙骨间距应符合设计要求。

（5）安装次龙骨（三角龙骨）

三角龙骨的间距根据金属板的尺寸而定，金属板有多种规格，以方形 300mm×300mm 铝扣板为例，三角龙骨间距应为 300mm，用专用的三角吊件固定在主龙骨上，方向与主龙骨垂直，如图 3-23 所示。安装完毕后调整好整体水平。

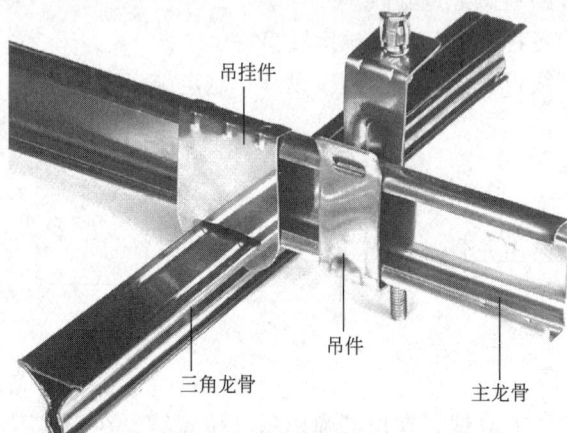

图 3-23　三角龙骨安装示意

图 3-24　安装金属板

（6）安装金属板

安装前要精确测量顶面尺寸，根据顶面设计图结合实际尺寸在龙骨上标出金属板的安装位置。如有造型或图案，应居中对称或符合设计要求。铝扣板可直接卡入三角龙骨，按预先弹好的板块安装布置线，从一个方向开始依次安装，非整板放在边缘处。安装金属板材时要轻拿轻放，保护好板面，随时注意检查板缝紧密顺直，如图 3-24 所示。在安装面层时应预留灯具位置，排烟管、烟感、喷淋头等设备应根据设备安装位置在铝扣板上开孔，将烟管电线穿出饰面板外再扣紧饰面板。

（7）安装灯具等

吊顶的灯具、排风扇、浴霸相当于一块功能型饰面板，固定方法也是卡到三角龙骨上，金属板安装完毕再连接电路端口，将其扣到三角龙骨的预留位置上，如图 3-25 所示。

1.将铝扣板安装完成　　　　2.预留30×30的开孔安装换气扇　　　　3.将换气箱体放置到龙骨上方

图 3-25　安装换气扇（一）

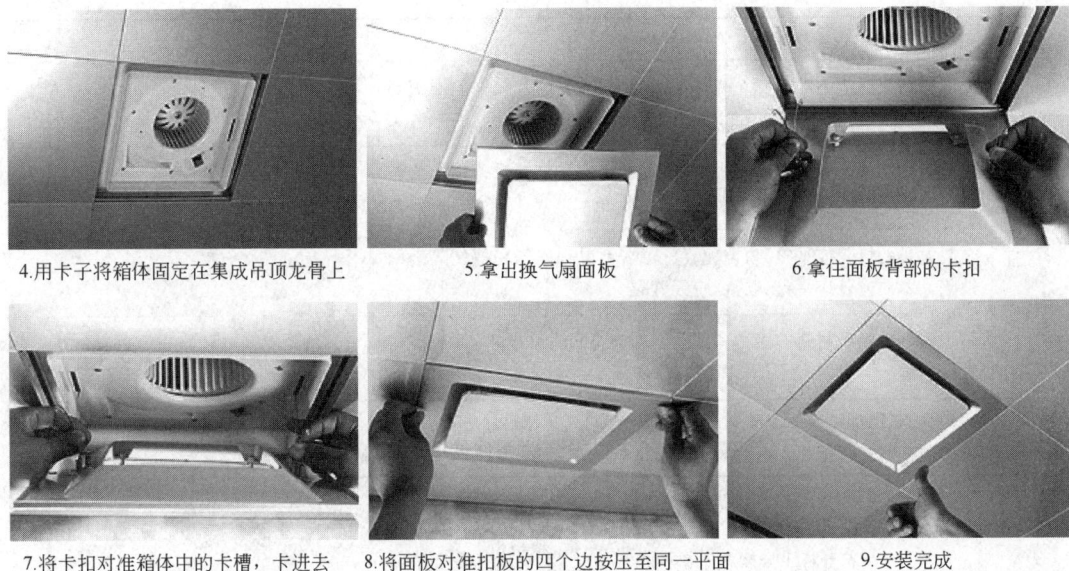

| 4.用卡子将箱体固定在集成吊顶龙骨上 | 5.拿出换气扇面板 | 6.拿住面板背部的卡扣 |

| 7.将卡扣对准箱体中的卡槽,卡进去 | 8.将面板对准扣板的四个边按至同一平面 | 9.安装完成 |

图 3-25　安装换气扇(二)

(8)面层处理

铝扣板安装完后,需用布把板面全部擦拭干净,不得有污物及手印等。边龙骨与墙面接缝处打胶密封,如图 3-26 所示。

图 3-26　接缝打胶处理

### 3.3.4　板块面层吊顶工程质量验收

板块面层吊顶工程质量验收的主控项目与一般项目、板块面层吊顶工程安装的允许偏差和检验方法应分别符合表 3-7、表 3-8 的规定。

板块面层吊顶工程质量验收的主控项目与一般项目　　　　　　　　表 3-7

| | 内容 | 检测方法 |
|---|---|---|
| 主控项目 | 吊顶标高、尺寸、起拱和造型应符合设计要求 | 观察;尺量检查 |
| | 面层材料的材质、品种、规格、图案、颜色和性能应符合设计要求及国家现行标准的有关规定。当面层材料为玻璃板时,应使用安全玻璃并采取可靠的安全措施 | 观察;检查产品合格证书、性能检验报告、进场验收记录和复验报告 |
| | 面板的安装应稳固严密。面板与龙骨的搭接宽度应大于龙骨受力面宽度的 2/3 | 观察;手扳检查;尺量检查 |
| | 吊杆和龙骨的材质、规格、安装间距及连接方式应符合设计要求。金属吊杆和龙骨应进行表面防腐处理;木龙骨应进行防腐、防火处理 | 观察;尺量检查;检查产品合格证书、性能检验报告、进场验收记录和隐蔽工程验收记录 |
| | 板块面层吊顶工程的吊杆和龙骨安装应牢固 | 手扳检查;检查隐蔽工程验收记录和施工记录 |

| | 内容 | 检测方法 |
|---|---|---|
| 一般项目 | 面层材料表面应洁净、色泽一致，不得有翘曲、裂缝及缺损。面板与龙骨的搭接应平整、吻合，压条应平直、宽窄一致 | 观察；尺量检查 |
| | 面板上的灯具、烟感器、喷淋头、风口箅子和检修口等设备设施的位置应合理、美观，与面板的交接应吻合、严密 | 观察 |
| | 金属龙骨的接缝应平整、吻合、颜色一致，不得有划伤和擦伤等表面缺陷。木质龙骨应平整、顺直，应无劈裂 | 观察 |
| | 吊顶内填充吸声材料的品种和铺设厚度应符合设计要求，并应有防散落措施 | 检查隐蔽工程验收记录和施工记录 |

板块面层吊顶工程安装的允许偏差和检验方法 　　　　　　　表 3-8

| 项目 | 允许偏差（mm） | | | | 检验方法 |
|---|---|---|---|---|---|
| | 石膏板 | 金属板 | 矿棉板 | 木板、塑料板、玻璃板、复合板 | |
| 表面平整度 | 3 | 2 | 3 | 2 | 用 2m 靠尺和塞尺检查 |
| 接缝直线度 | 3 | 2 | 3 | 3 | 拉 5m 线，不足 5m 拉通线，用钢直尺检查 |
| 接缝高低差 | 1 | 1 | 2 | 1 | 用钢直尺和塞尺检查 |

# 3.4　格栅吊顶工程

　　格栅吊顶是一种开敞式吊顶，包括以轻钢龙骨、铝合金龙骨和木龙骨等为骨架，以金属、木材、塑料和复合板等为格栅面层的吊顶，广泛应用于大型商场、餐厅、酒吧、候车室、机场、地铁等场站，大方美观、历久如新，是装修公司的常用吊顶材料之一，深受客户喜欢。

　　格栅吊顶质量轻、造价低、颜色多样化，同时还具有防水、防潮、耐腐蚀的优点。采用交错的格栅组条对吊顶进行装饰，效果简洁、明快。从外观可以看到吊顶后面的风道、水管等设备管线，基层一般做涂黑处理，如图 3-27 所示。木格栅吊顶材质美观、自然、

(a)　　　　　　　　　　　　　　　　(b)

图 3-27　格栅吊顶
(a) 木格栅；(b) 塑料格栅

环保，可用于高档装修中。金属格栅吊顶是应用最为广泛的一种格栅吊顶，结实耐用、可重复拆装，本节以金属格栅为例进行学习。

### 3.4.1 格栅吊顶构造

格栅吊顶由吊杆、吊件、龙骨、格栅面层及配件组成，如图 3-28 所示。有些格栅面层的骨条可以起到龙骨的作用，因此面层可以直接固定到吊杆上不使用龙骨。

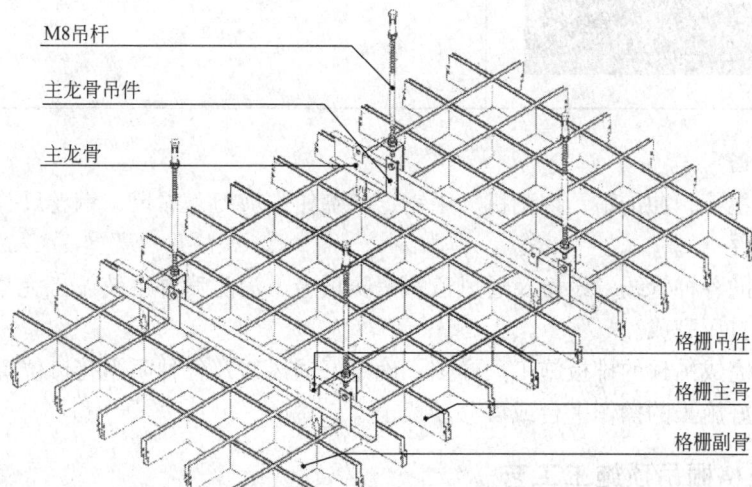

图 3-28 金属格栅吊顶构造

### 3.4.2 金属格栅吊顶施工准备

#### 1. 材料准备

金属格栅吊顶工程所用材料的品种、规格和颜色应符合设计要求，有产品合格证书。所需材料除轻钢龙骨、吊杆外，还需要表 3-9 所列材料。

金属格栅吊顶施工材料　　　　　　　　　　　　　　　　　　　　表 3-9

| 名称 | 图片 | 简介 |
|---|---|---|
| 连接件 |  | 有多种形式,用于龙骨和格栅条的连接固定 |
| 收边条 |  | 托住边板和遮挡裁剪的痕迹,起到装饰美化作用 |

| 名称 | 图片 | 简介 |
|------|------|------|
| 格栅 |  | 格栅有金属材料、塑料和木材,组合成的平面形状有方形、三角形、六边形、圆筒型等 |

**2. 机具准备**

机具包括墨斗、冲击钻、切割机、手锯、尖嘴钳、剪刀、靠尺、钢卷尺等。

**3. 作业条件**

(1) 顶棚的各种管线、设备及通风道、消防报警、消防喷淋系统施工完毕并验收。管道系统试水、打压完成。

(2) 提前完成吊顶的排板施工大样图,确定好通风口及各种明露孔口位置。

(3) 准备好施工的操作平台或可移动架子。

### 3.4.3 金属格栅吊顶施工工艺

**1. 施工工艺流程**

弹线→固定吊杆→主龙骨安装→安装边龙骨→金属格栅组装→安装金属格栅。

**2. 施工操作要点**

(1) 弹线

从水平基准线量至吊顶设计高度,沿墙(柱)弹出水平线,在顶面弹出吊杆固定点,如遇到梁或管道设备应增加吊杆的固定点。

(2) 固定吊杆

可采用膨胀螺栓固定吊杆,也可以将吊杆焊接在顶棚预埋件上。

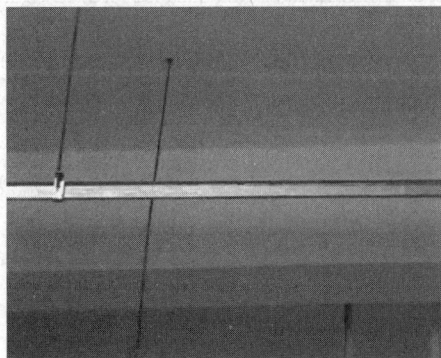

(3) 主龙骨安装

主龙骨一般为轻钢龙骨,将主龙骨通过吊件安装到吊杆上。吊杆与轻钢龙骨端头距离应不大于300mm,否则应增设吊杆。主龙骨应平行房间长向安装,中间应按照房间跨度的1/200～1/300起拱,主龙骨安装完成后应整体调平,如图3-29所示。

(4) 安装边龙骨

金属格栅吊顶质量很轻,边龙骨(收边条)主要起美化边缘、收口作用,边龙骨可根据墙体材质不同采用钉固或胶粘安装,如图3-30所示。

图 3-29 主龙骨安装

（5）金属格栅组装

将金属格栅的主骨和副骨按照设计图纸的要求预装好，格栅单体应尽可能在地面拼装完成，然后再按设计要求的方法悬吊，如图 3-31 所示。

（6）安装金属格栅

将预装好的金属格栅吊顶单元用连接件穿在主骨孔内吊起，按照吊顶设计标高进行调平，将下凸部分的吊杆拉紧，将上凹部分的吊杆放松下移，最后调整至水平即可。双向跨度较大的格栅式吊顶，中央部分也应略有起拱。格栅吊顶安装如图 3-32 所示。

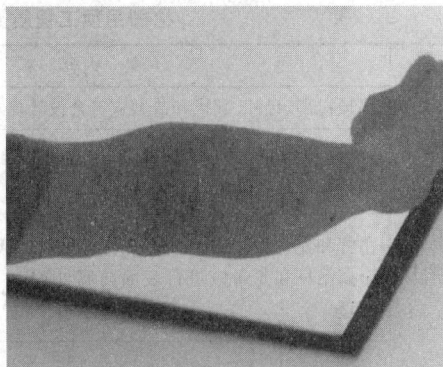

图 3-30　安装边龙骨

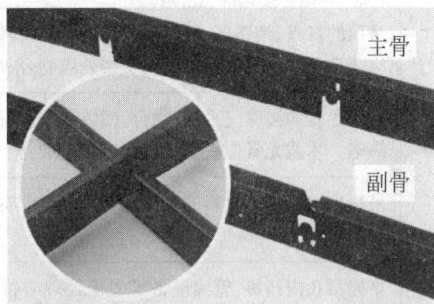

图 3-31　金属格栅组装

图 3-32　安装金属格栅

## 3.4.4　格栅吊顶工程质量验收

格栅吊顶工程质量验收的一般规定参见 3.2.4 整体面层吊顶工程质量验收，格栅吊顶工程质量验收的主控项目与一般项目、安装的允许偏差和检验方法应分别符合表 3-10、表 3-11 的规定。

**格栅吊顶工程质量验收的主控项目与一般项目**　　　　　　　表 3-10

| | 内容 | 检测方法 |
|---|---|---|
| 主控项目 | 吊顶标高、尺寸、起拱和造型应符合设计要求 | 观察；尺量检查 |
| | 格栅的材质、品种、规格、图案、颜色和性能应符合设计要求及国家现行标准的有关规定 | 观察；检查产品合格证书、性能检验报告、进场验收记录和复验报告 |
| | 吊杆和龙骨的材质、规格、安装间距及连接方式应符合设计要求。金属吊杆和龙骨应进行表面防腐处理；木龙骨应进行防腐、防火处理 | 观察；尺量检查；检查产品合格证书、性能检验报告、进场验收记录和隐蔽工程验收记录 |
| | 格栅吊顶工程的吊杆、龙骨和格栅的安装应牢固 | 观察；手扳检查；检查隐蔽工程验收记录和施工记录 |
| 一般项目 | 格栅表面应洁净、色泽一致，不得有翘曲、裂缝及缺损。栅条角度应一致，边缘应整齐，接口应无错位。压条应平直、宽窄一致 | 观察；尺量检查 |
| | 吊顶的灯具、烟感器、喷淋头、风口箅子和检修口等设备设施的位置应合理、美观，与格栅的套割交接处应吻合、严密 | 观察 |
| | 金属龙骨的接缝应平整、吻合、颜色一致，不得有划伤和擦伤等表面缺陷。木质龙骨应平整、顺直，应无劈裂 | 观察 |
| | 吊顶内填充吸声材料的品种和铺设厚度应符合设计要求，并应有防散落措施 | 观察；检查隐蔽工程验收记录和施工记录 |
| | 格栅吊顶内楼板、管线设备等表面处理应符合设计要求，吊顶内各种设备管线布置应合理、美观 | 观察 |

**格栅吊顶工程安装允许偏差和检验方法**　　　　　　　表 3-11

| 项目 | 允许偏差（mm） | | 检验方法 |
|---|---|---|---|
| | 金属格栅 | 木格栅、塑料格栅、复合材料格栅 | |
| 表面平整度 | 2 | 3 | 用 2m 靠尺和塞尺检查 |
| 格栅直线度 | 2 | 3 | 拉 5m 线，不足 5m 拉通线，用钢直尺检查 |

## 【单元总结】

　　吊顶工程是现代室内装饰的重要部位，它是室内空间除墙体、地面以外的另一主要部分。它的装饰效果优劣直接影响整个建筑空间的装饰效果。顶棚还有隔声、吸声、隔热保暖、防尘、清洁、防潮、防火的作用。

　　本单元主要学习了轻钢龙骨纸面石膏板吊顶、金属板吊顶、金属格栅吊顶的构造、材料、施工工艺及质量检测，拓展了异形吊顶和矿棉板吊顶。"纸上得来终觉浅"，想要真正掌握这些内容还需要我们多到施工现场观摩，在实训课上亲自动手操作。

## 【技能训练】

　　以小组为单位检测学校教学楼某空间的板块面层吊顶的质量，并根据面层材料选填表 3-12。

1.完成教学楼某空间的板块面层吊顶的误差检测，项目完整；

2.正确选择和使用检测工具；

3.组内成员轮流进行质检和记录，组内自评，组间互评；

4.填写质量检验报告。

板块面层吊顶工程安装检验表　　　　　　　　表 3-12

| 项目 | 允许偏差（mm） | | | | 检验方法 |
| --- | --- | --- | --- | --- | --- |
| | 石膏板 | 金属板 | 矿棉板 | 木板、塑料板、玻璃板、复合板 | |
| 表面平整度 | | | | | 用 2m 靠尺和塞尺检查 |
| 接缝直线度 | | | | | 拉 5m 线，不足 5m 拉通线，用钢直尺检查 |
| 接缝高低差 | | | | | 用钢直尺和塞尺检查 |

【思考及练习】

（1）吊顶有什么作用？

（2）集成吊顶属于哪种吊顶？

知识拓展

答案

# 教学单元4 墙面工程

## 【教学目标】

1. 知识目标
- 了解墙面装饰的作用和类型；
- 熟悉抹灰工程、涂饰工程、裱糊与软包工程、饰面砖工程、饰面板工程的施工步骤、操作方法。

2. 能力目标
- 能够在施工操作中认识和正确使用相关的施工机具；
- 掌握裱糊工程的施工工艺及操作要点；
- 具备检验壁纸裱糊施工质量的操作能力。

## 【思维导图】

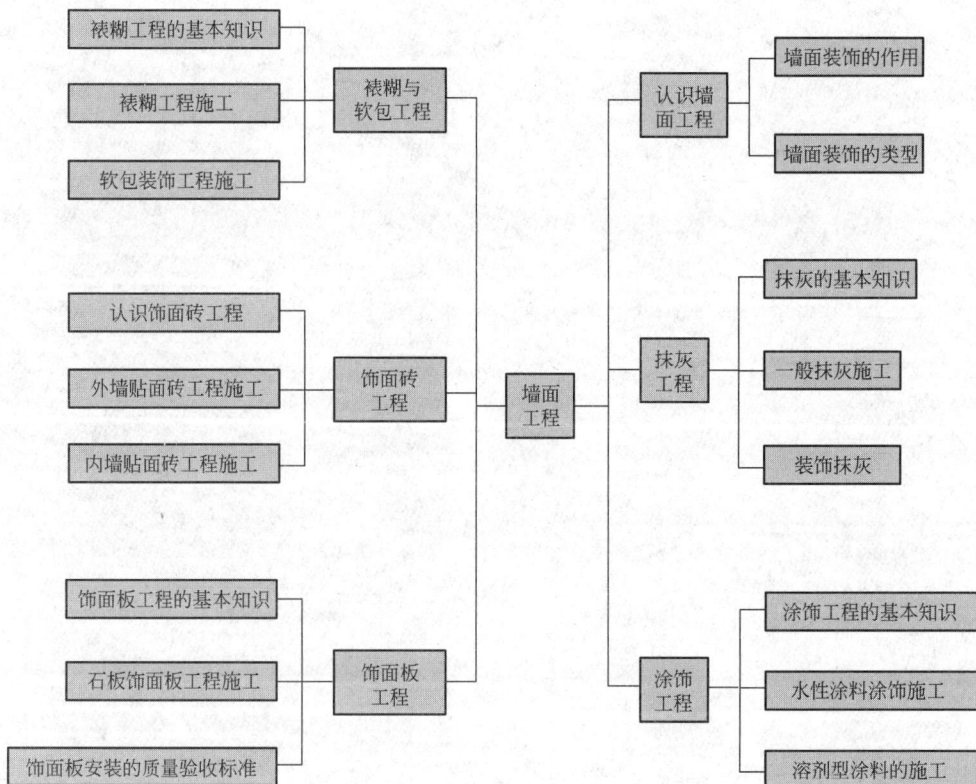

在进行空间设计中，墙面是空间中面积最大、对空间使用效果影响最多的部分。墙面设计和施工除了要考虑美观和牢固性以外，还要起到保护建筑主体结构，延长建筑墙面的使用寿命的作用，从而弥补建筑空间的缺陷与不足，加强建筑的空间效果。

# 4.1　认识墙面工程

## 4.1.1　墙面装饰作用

随着人们生活水平的不断提高，消费者对自身的居住环境要求也在提高，尤其是家装中越来越强调个性化，希望体现自己的文化品位和诉求。墙面装饰是空间六个界面中的重点装饰部分，在装饰工程中需要满足使用功能和装饰功能两大需求，具体来说包括三部分：保护墙体，增强墙体的坚固性、耐久性，延长墙体的使用年限；改善墙体的使用功能，提高墙体的保温、隔热和隔声能力；提高建筑的艺术效果，美化环境。

## 4.1.2　墙面装饰类型

墙面是基础装修中占面积最大的项目，不仅关系到整体美观，更关系到环保的问题，所以墙面装饰一定要慎重考虑。现在装修中墙面装饰的种类主要有抹灰、涂饰、裱糊与软包、饰面砖、饰面板等，在实际工程施工中几种墙面装饰方法通常会综合使用，如图 4-1 所示。

(a)　　　　　　　　　　　　　　　(b)

(c)　　　　　　　　　　　　　　　(d)

图 4-1　常见墙面装饰类型（一）
(a) 软包、涂饰；(b) 裱糊、抹灰；(c) 木质饰面板、涂饰；(d) 饰面板、涂饰

图 4-1　常见墙面装饰类型（二）
（e）石材饰面板、裱糊；（f）饰面砖

# 4.2　抹灰工程

## 4.2.1　抹灰工程基本知识

抹灰是将水泥、石灰膏、膨胀珍珠岩等各种材料配制成的砂浆或素浆涂抹在建筑物的表面，除保护建筑主体结构，作为其他饰面（水刷石、干粘石、饰面砖、涂料、裱糊等）的底灰外，还可以通过各种工艺直接成为饰面层。

### 1. 抹灰工程分类

抹灰工程分类见表 4-1。

抹灰工程分类　　　　　　　　　　　　　　　　　　　　　　表 4-1

| | | |
|---|---|---|
| 按使用要求及装饰效果分类 | 一般抹灰 | 普通抹灰 |
| | | 中级抹灰 |
| | | 高级抹灰 |
| | 装饰抹灰 | 石粒类装饰抹灰,如水刷石、干粘石、水磨石等 |
| | | 水泥石灰类装饰抹灰,如拉毛灰、假面砖等 |
| | | 聚合物水泥砂浆装饰抹灰,包括喷涂、滚涂、弹涂 |
| | 特种砂浆抹灰 | 保温隔热砂浆抹灰 |
| | | 防水砂浆抹灰 |
| | | 耐酸砂浆抹灰 |
| 按施工部位分类 | 室内抹灰 | 墙面、顶棚、楼(地)面、墙裙、楼梯、踢脚板等 |
| | 室外抹灰 | 墙面、勒脚、雨篷、阳台、腰线、窗台、女儿墙和压顶等 |

一般抹灰所使用的材料有石灰砂浆、水泥砂浆、水泥混合砂浆、聚合物水泥砂浆和麻刀石灰、纸筋石灰、石膏灰等。

装饰抹灰的底层、中层同一般抹灰，但面层经特殊工艺施工，强化了装饰作用。

### 2. 抹灰工程构造

抹灰工程由底层、中层和面层组成，底层抹灰为粘结层，是涂抹在基层、基体表面上的第一层，主要起粘结基层并初步找平的作用。中层抹灰为找平层，抹在底层灰上，主要起找平作用。面层抹灰为装饰层，抹在中层灰上，起装饰作用。如图 4-2 所示。

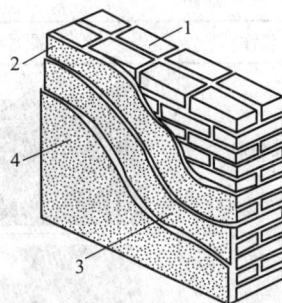

抹灰层必须采用分层分遍涂抹，如果一次涂抹的砂浆过厚，抹灰面层就会由于内外收水快慢不同而容易出现干裂、起鼓和脱落现象。每道抹灰层的厚度应根据基体材料、砂浆品种、抹灰部位、抹灰等级、质量标准要求以及施工气候条件等因素来确定。

图 4-2　墙面抹灰分层示意图
1—基层；2—底层；3—中层；4—面层

## 4.2.2　施工准备

### 1. 抹灰工程材料准备

抹灰工程中的常用材料有胶凝材料、骨料、纤维增强材料、颜料和胶粘剂等，见表 4-2。

抹灰工程常用材料　　　　　　　　　　　　　　　　　表 4-2

| 名称 | 图片 | 用途 |
|---|---|---|
| 胶凝材料 |  | 气硬性胶凝材料包括石灰膏、石膏，水硬性胶凝材料主要指各种水泥 |
| 骨料 |  | 砂子、石粒、膨胀珍珠岩和膨胀蛭石，这类材料密度极轻，导热系数很小，适用于保温、隔热和吸声要求的室内墙面 |
| 纤维增强材料 |  | 纤维增强材料在抹灰工程中起拉结和骨架作用，可提高抹灰层的抗拉强度、弹性和耐久性，使之不易开裂和脱落。常用的纤维材料有麻刀、纸筋、玻璃纤维等 |
| 颜料 |  | 颜料能提高抹灰的装饰效果，抹灰用的颜料必须为耐碱、耐光的矿物颜料或无机颜料 |

续表

| 名称 | 图片 | 用途 |
|---|---|---|
| 胶粘剂 |  | 胶粘剂能提高砂浆的粘接性、柔韧性、稠度和保水性,减少面层的开裂和脱落,便于砂浆的施工操作,提高抹灰质量 |
| 分格条 |  | 装饰抹灰面层分格使用的,可用铜条、铝条和玻璃条等 |

**2. 抹灰工程施工机具准备**

抹灰常用工具包括木抹子、铁抹子、钢皮抹子、压子、塑料抹子、托灰板、木杠、方尺、分格条、钢卷尺、长毛刷、喷壶、墨斗、砂浆搅拌机、纸筋灰搅拌机、粉碎淋灰机等,见表4-3。

一般抹灰机具设备清单 表4-3

| 名称 | 图片 | 用途 |
|---|---|---|
| 铁抹子 |  | 铁抹子可以把砂浆抹上墙,抹光 |
| 木抹子 | 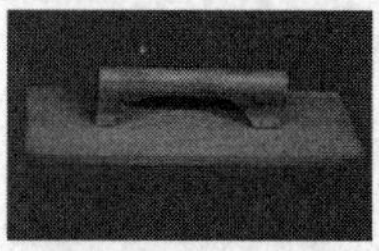 | 木抹子是把已经上墙的砂浆抹平,拉毛 |
| 托灰板 | 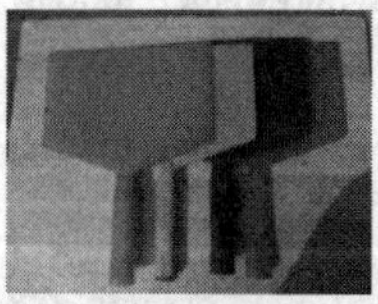 | 是一种常用建筑工具,在抹墙时托灰之用 |
| 阴阳角抹子 |  | 在抹阴阳角时,用阴阳角抹子对该部位来回拖拉至顺直,呈小圆弧角 |
| 砂浆搅拌机 |  | 由搅拌桶、传动轴、电机、搅拌叶片、飞刀装置、进料口、出料口、观察门、取样器、安全检测开关、溢气装置等组成,可以搅拌均匀所有的物料 |

**3. 现场准备**

基层面应基本干燥，基础含水率不得大于 10%，管道、洞口、阴阳角等提前处理完毕，门窗玻璃应提前安装完毕，大面积施工前应做好样板，经验收合格后方可进行大面积施工。

### 4.2.3 一般抹灰施工

**1. 一般抹灰作业条件**

（1）必须经过有关部门结构工程质量验收。

（2）已检查、核对门窗框位置、尺寸的正确性。特别是外窗上下垂直、左右水平符合要求。

（3）管道穿越的墙洞和楼板洞应及时安放套管，并用 1:3 水泥砂浆或细石混凝土填塞密实；电线管、消火栓箱、配电箱安装完毕，接线盒用纸堵严。

（4）壁柜、门框及其他预埋铁件位置和标高应准确无误，并做好防腐、防锈处理。

（5）根据室内高度和抹灰现场的具体情况，提前搭好抹灰操作用的高凳和架子，架子要离开墙面及墙角 200~250mm，以便于操作。

（6）已将混凝土墙、顶板等表面凸出部分剔平；对蜂窝、麻面等应剔到实处，后用 1:3 水泥砂浆分层补平，外露钢筋头和铅丝头等已清除掉。

（7）用笤帚将墙面清扫干净，如有油渍或粉状隔离剂，应用火碱水刷洗，然后清水冲净或用钢丝刷子彻底刷干净。

（8）基层已按要求进行处理，完善相关验收签字手续。

（9）抹灰前一天，墙应浇水湿润，抹灰时再用笤帚洒水或喷水湿润。

**2. 一般抹灰工艺流程**

基层处理→吊直、套方、找规矩→贴灰饼、墙面冲筋→阳角做护角→抹底层灰→抹中层灰→抹罩面灰→养护、清理。

**3. 一般抹灰施工操作要点**

（1）基层处理。基层需有平整度、洁净度和整体强度。施工前应清除表面杂物、尘土、残留灰浆、油渍等。为确保抹灰砂浆与基体紧密结合，防止抹灰层产生裂缝、空鼓和剥落等质量通病，需对抹灰基体浇水湿润。对于 120mm 厚的砖墙，应在抹灰前一天浇水一遍，240mm 厚的砖墙浇水两遍为宜。浇水的具体方法是：将胶皮水管出水头部捏瘪，使水流喷射面变大和水流冲击力增强，对着砖墙上部缓缓地由左至右移动，使水沿墙面上部流下来，使墙面渗水深度达到 8~10mm，如图 4-3 所示。检查门窗洞口位置尺寸，混凝土结构和砌体结合处以及电线管、消火栓箱、配电箱背后钉好钢丝网，接线盒堵严，如图 4-4 所示。混凝土墙面应凿毛或在表面洒水湿润后涂刷 1:1 水泥砂浆（加适量胶粘剂）；加气混凝土墙面应刷界面剂，并抹水泥混合砂浆。

图 4-3 洒水湿墙

（2）吊直、套方、找规矩。此道工序的目的是为了有效控制抹灰层的垂直度、平整度和厚度，使抹灰工程符合质量标准。根据施工设计要求，在距墙阴角 100mm 处用水平仪弹出竖线后，再按规方的地线、抹灰层厚度向里反弹出墙角抹灰准线，并在准线上下两端钉上铁钉、挂上白线，作为灰饼、冲筋的依据和标准，如图 4-5 所示。

图 4-4　钉钢丝网　　　　　　　　　　　图 4-5　找规矩

（3）贴灰饼、墙面冲筋。灰饼也叫标志块，在高 2000mm、距墙阴角 100mm 处，依照弹线位置用 1∶3 的水泥砂浆先作上灰饼，灰饼大小为 50mm×50mm，水平距离约为 1.2～1.5m 左右，厚度为中层抹灰的厚度。灰饼抹平压实后，用抹子将其四周搓成八字斜面。上灰饼做好后，再依据前面找规矩后的基准挂线，通过挂垂线确定下部标志块的位置。根据方便施工的原则一般在踢脚上方 200～300mm 处做下灰饼，窗口、垛角处必须做灰饼。灰饼稍干后，在上下（或左右）灰饼之间抹上宽约 50mm 的与抹灰层相同的 1∶3 水泥砂浆冲筋（标筋），用木杠刮平厚度与灰饼相平，稍干后可进行底层抹灰，如图 4-6、图 4-7 所示。

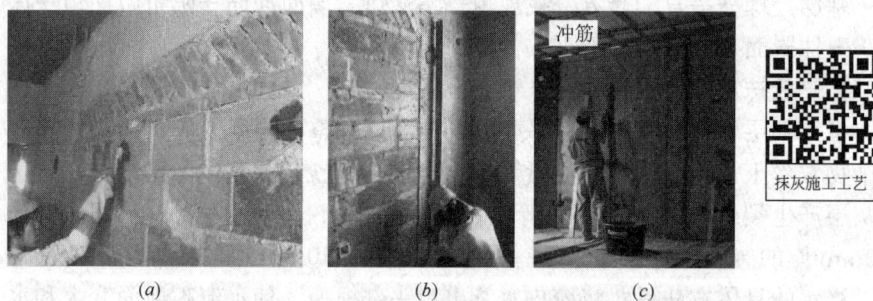

图 4-6　做灰饼、冲筋
(a) 上灰饼；(b) 下灰饼；(c) 冲筋

（4）阳角做护角。室内门窗洞口、墙的阳角处抹灰线条要清晰、顺直，而且这些部位在使用和施工中最容易被碰撞和损坏，因此一般都要做护角。一方面可保护墙体，另一方面还起到标筋的作用。护角应采用 1∶2 的水泥砂浆抹制，其高度一般不应低于 2m，包过阳角每侧宽度不应小于 50mm，如图 4-8 所示。

（5）抹底层灰。护角完成约 2h 左右（即砂浆达到七八成干时）即可进行底层抹灰。此道工序也叫"刮糙"，抹底层灰由一面墙开始，将灰浆抹在两条标筋之间，其厚度要低于标筋，用抹子大概抹平压实，厚度约 7～9mm，如图 4-9 所示。

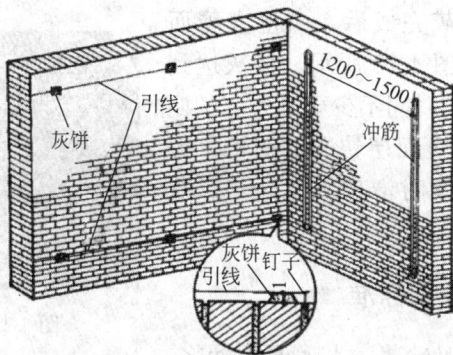

图 4-7　灰饼冲筋位置示意

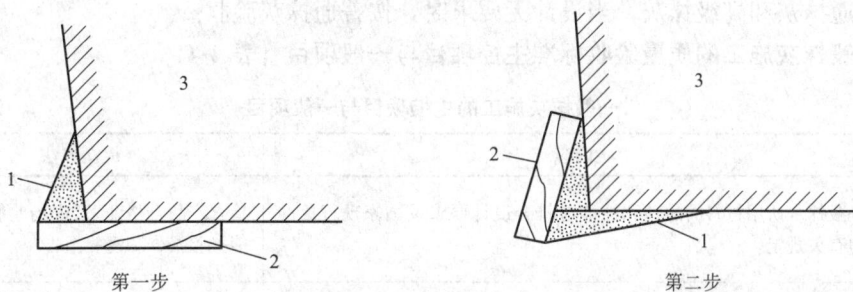

图 4-8　护角施工步骤

（6）抹中层灰。底层砂浆稍稍收水后即可进行中层抹灰。将调制好的砂浆抹在两条标筋之间、底灰之上，自上而下、从左到右涂抹，厚度垫平并略高于标筋。随即用长、短木杠进行刮平，这道工序称为"刮杠"。刮杠时人双手握紧木杠站成骑马式，用木杠两端（宽度小的一侧）紧贴左右两条标筋，由下而上、用力均匀地进行刮压，"刮高补低"反复找补刮压，直至中层抹灰与标筋齐平，如图 4-10所示。

图 4-9　抹底层灰

（7）抹罩面灰。中层灰七八成干（即手压不下陷，但有浅显印痕）时，即可抹罩面灰，一人抹灰，后一人压光，如图 4-11 所示。

图 4-10　刮杠找平

图 4-11　抹罩面灰

（8）养护、清理。抹灰完成后，应检查墙面垂直度和阴阳角方正，如图 4-12 所示。抹灰达到一定强度后浇水养护，养护时间不少于 7 天。冬期施工应采取保温措施，防止面层快干、撞击、振动和受冻。施工完成后要及时清理施工垃圾，避免扬尘污染了抹灰饰面层。

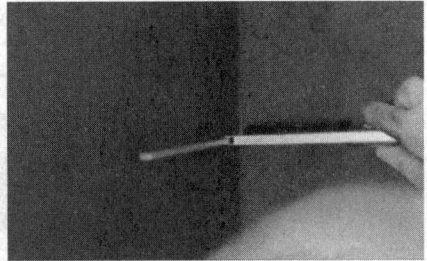

图 4-12　检测阴阳角方正

### 4.2.4　一般抹灰质量验收标准

适用于石灰砂浆、水泥砂浆、水泥混合砂浆、聚合物水泥砂浆和麻刀石灰、纸筋石灰、石膏灰等一般抹灰工程的质量验收。一般抹灰工程分为普通抹灰和高级抹灰，当设计无要求时，按普通抹灰验收。

**1. 一般抹灰施工的质量验收标准主控项目与一般项目（表 4-4）**

一般抹灰施工的主控项目与一般项目　　　　　　　　　　　　表 4-4

| | 内容 | 检测方法 |
|---|---|---|
| 主控项目 | 一般抹灰所用材料的品种和性能应符合设计要求及国家现行标准的有关规定 | 检查产品合格证书、进场验收记录、性能检验报告和复验报告 |
| | 抹灰前基层表面的尘土、污垢、油渍等应清除干净，并应洒水润湿或进行界面处理 | 检查施工记录 |
| | 抹灰工程应分层进行。当抹灰总厚度大于或等于 35mm 时，应采取加强措施。不同材料基体交接处表面的抹灰，应采取防止开裂的加强措施，当采用加强网时，加强网与各基体的搭接宽度不应小于 100mm | 检查隐蔽工程验收记录和施工记录 |
| | 抹灰层与基层之间及各抹灰层之间必须粘结牢固，抹灰层应无脱层、空鼓，面层应无爆灰和裂缝 | 观察；用小锤轻击检查；检查施工记录 |
| 一般项目 | 普通抹灰表面应光滑、洁净、接槎平整，分格缝应清晰；高级抹灰表面应光滑、洁净、颜色均匀、无抹纹，分格缝和灰线应清晰美观 | 观察；手摸检查 |
| | 护角、孔洞、槽、盒周围的抹灰表面应整齐、光滑；管道后面的抹灰表面应平整 | 观察 |
| | 抹灰层的总厚度应符合设计要求；水泥砂浆不得抹在石灰砂浆层上；罩面石膏灰不得抹在水泥砂浆层上 | 检查施工记录 |
| | 抹灰分格缝的设置应符合设计要求，宽度和深度应均匀，表面应光滑，棱角应整齐 | 观察；尺量检查 |
| | 有排水要求的部位应做滴水线（槽）。滴水线（槽）应整齐顺直，滴水线应内高外低，滴水槽的宽度和深度均不应小于 10mm | 观察；尺量检查 |

**2. 一般抹灰施工的允许偏差和检验方法（表 4-5）**

一般抹灰允许偏差和检验方法　　　　　　　　　　　　　表 4-5

| 项目 | 允许偏差（mm） | | 检验方法 |
| --- | --- | --- | --- |
| | 普通抹灰 | 高级抹灰 | |
| 立面垂直度 | 4 | 3 | 用 2m 垂直检测尺检查 |
| 表面平整度 | 4 | 3 | 用 2m 靠尺和塞尺检查 |
| 阴阳角方正 | 4 | 3 | 用 200mm 直角检测尺检查 |
| 分格条(缝)直线度 | 4 | 3 | 拉 5m 线，不足 5m 拉通线，用钢直尺检查 |
| 墙裙、勒脚上口直线度 | 4 | 3 | 拉 5m 线，不足 5m 拉通线，用钢直尺检查 |

## 4.2.5　装饰抹灰施工

装饰抹灰是通过操作工艺及材料等方面的改进，使抹灰更富有装饰效果，主要包括水刷石、干粘石、假面砖、斩假石、拉毛与拉条灰，以及机械喷涂、弹涂、滚涂、彩色抹灰等。

**1. 装饰抹灰作业条件**

抹灰前基层表面的尘土、污垢、油渍等应清除干净，并应洒水湿润；装饰抹灰面层应做在已经硬化、较为粗糙并平整的中层砂浆面上；面层施工前须检查中层抹灰的施工质量，经验收合格后洒水湿润。

**2. 水刷石**

水刷石施工是将水泥、石屑等加水拌和后抹在建筑物的表面，半凝固后用水冲刷掉表面水泥浆使石屑或小石子半露的一种传统施工工艺。面层具有天然质感，色泽庄重美观、经济实用，如图 4-13 所示。

图 4-13　水刷石

（1）水刷石工艺流程。基层处理→吊垂直、套方、找规矩、抹灰饼、冲筋→抹底层灰浆→弹线分格、镶分格条、抹中层灰→抹面层石渣浆→修整、赶实、压光、喷刷→起分格条、勾缝→保护成品。

（2）水刷石施工操作要点。水刷石装饰抹灰的底层抹灰与一般抹灰工程的技术要求相同；抹石渣面层前应洒水湿润底层灰，并做一道结合层，随做结合层随抹面层石渣浆。石渣面层抹灰应拍平压实，拍平时应注意阴阳角处石渣的饱满度。压实后尽量保证石渣大面朝上，并宜高于分格条 1mm；待石渣抹灰层初凝（指按无痕）后开始刷洗面层水泥浆。喷刷宜分两遍进行，喷刷应均匀，石子宜露出表面 1～2mm，如图 4-14 所示。

**3. 斩假石**

斩假石又称剁斧石，是一种人造石料。将掺入石屑及石粉的水泥石子浆涂抹在建筑物表面，硬化后用斩凿方法使表面成为有纹路的仿石面，如图 4-15 所示。

图 4-14　喷刷

图 4-15　斩假石面层

（1）斩假石工艺流程。基层处理→吊垂直、套方、找规矩、抹灰饼、冲筋→抹底层灰浆→弹线分格、镶分格条、抹中层灰→抹面层石渣灰→养护、弹线分条块→面层斩剁（剁石）→拆分格条。

（2）斩假石施工操作要点。斩假石装饰抹灰的底层、中层抹灰施工要求与一般抹灰工程的技术要求相同。抹面层石渣浆前洒水均匀湿润基层，做一道结合层，随即抹面层石渣浆。抹灰厚度应稍高于分格条，用专用工具刮平、压实，使石渣均匀露出，并做好养护。面层斩剁（剁石）时控制斩剁时间，常温下 3d 后或面层达到设计强度 60%～70% 时即可进行。大面积施工应先试剁，以石渣不脱落为宜。斩剁应自上而下进行，首先将四周边缘和棱角部位仔细剁好，再剁中间大面。斩剁深度宜剁掉表面石渣粒径的 1/3。控制斩剁遍数，斩剁时宜先轻剁一遍，再盖着前一遍的剁纹剁出深痕，操作时用力应均匀，移动速度应一致，不得出现漏剁，如图 4-16 所示。

（a）

（b）

图 4-16　斩假石
（a）镶分格条；（b）面层斩剁

### 4. 干粘石

干粘石是将彩色干石子直接粘在砂浆面层上的一种饰面做法，如图 4-17 所示。底层同水刷石做法。装饰效果与水刷石类似，湿作业少，节约原材料，但日久经风吹雨打易产生脱粒现象。干粘石的施工方法有手工干粘石和机喷干粘石两种。

（1）干粘石工艺流程。基层处理→吊垂直、套方、找规矩、抹灰饼、冲筋→抹底层灰浆→弹线分格、镶分格条、抹中层灰→抹面层粘结灰浆、撒石粒、拍平、修整→起条、勾缝→成品保护。

（2）干粘石施工操作要点。干粘石装饰抹灰的底层、中层抹灰与一般抹灰工程的技术要求相同。粘结层抹灰宜两遍成活，粘结层抹灰厚度以所使用石子的最大粒径确定。随着粘结层抹灰向粘结层甩粘石子，石子应甩严、甩均匀，并用钢抹子将石子均匀地拍入粘结层，石子嵌入砂浆的深度应不小于粒径的 1/2 为宜，并应拍实、拍严。粘石施工应先做小面，后做大面。拍平、修整要在水泥初凝前进行，先拍压边缘，而后中间，拍压要轻、重结合、均匀一致。拍压完成后，应对已粘石面层进行检查，发现阴阳角不顺直，表面不平坦、黑边等问题，及时处理。干粘石成活后不宜淋水，应待 24h 后用水喷壶浇水养护，并要设法遮阳，避免日光直射，使水泥砂浆有凝固的时间，防止在初凝前因日晒发生干裂和空鼓现象。

**5. 假面砖**

假面砖又称仿釉面砖，是一种在水泥砂浆之中掺入氧化铁黄或者加入氧化铁红等颜料，加以手工操作，以最终达到模仿面砖效果的一种手法。假面砖表面应平整、沟纹清晰，留缝整齐、色泽一致，应无掉角、脱皮、起砂等缺陷，如图 4-18 所示。

图 4-17　干粘石面层

图 4-18　假面砖

（1）假面砖施工工艺流程。基层处理→洒水湿润→吊垂直、套方、找规矩、抹灰饼、冲筋→抹底层灰浆→抹中层灰→抹面层灰→做面砖→养护。

（2）假面砖施工操作要点。假面砖基层、底层、面层抹灰的要求与一般抹灰工程的技术要求相同，面层使用彩色水泥砂浆。在做面砖步骤时，待面层砂浆稍收水后，先用铁梳子等沿靠尺由上向下划纹，深度不超过 1mm。然后再根据标准砖的尺寸用铁钩子沿靠尺划沟，沟深为 3～4mm，深度以露出底层灰为准。

## 4.2.6　装饰抹灰质量验收标准

**1. 水刷石、斩假石、干粘石、假面砖等装饰抹灰工程质量验收（表 4-6）**

装饰抹灰施工的主控项目与一般项目　　　　　　　　　　　　　表 4-6

| | 内容 | 检测方法 |
|---|---|---|
| 主控项目 | 装饰抹灰工程所用材料的品种和性能应符合设计要求及国家现行标准的有关规定 | 检查产品合格证书、进场验收记录、性能检验报告和复验报告 |
| | 抹灰前基层表面的尘土、污垢、油渍等应清除干净，并应洒水润湿 | 检查施工记录 |

续表

| | 内容 | 检测方法 |
|---|---|---|
| 主控项目 | 抹灰工程应分层进行。当抹灰总厚度大于或等于 35mm 时,应采取加强措施。不同材料基体交接处表面的抹灰,应采取防止开裂的加强措施,当采用加强网时,加强网与各基体的搭接宽度不应小于 100mm | 检查隐蔽工程验收记录和施工记录 |
| | 各抹灰层之间及抹灰层与基体之间必须粘结牢固,抹灰层应无脱层、空鼓和裂缝 | 观察;用小锤轻击检查;检查施工记录 |
| 一般项目 | 水刷石表面应石粒清晰、分布均匀、紧密平整、色泽一致,应无掉粒和接槎痕迹 | 观察;手摸检查 |
| | 斩假石表面剁纹应均匀顺直、深浅一致,应无漏剁处;阳角处应横剁并留出宽窄一致的不剁边条,棱角应无损坏 | 观察;手摸检查 |
| | 干粘石表面应色泽一致、不露浆、不漏粘,石粒应粘结牢固、分布均匀,阳角处应无明显黑边 | 观察;手摸检查 |
| | 假面砖表面应平整、沟纹清晰、留缝整齐、色泽一致,应无掉角、脱皮、起砂等缺陷 | 观察;手摸检查 |
| | 装饰抹灰分格条(缝)的设置应符合设计要求,宽度和深度应均匀,表面应平整光滑,棱角应整齐 | 观察 |
| | 有排水要求的部位应做滴水线(槽)。滴水线(槽)应整齐顺直,滴水线应内高外低,滴水槽的宽度和深度均不应小于 10mm | 观察;尺量检查 |

**2. 装饰抹灰工程的允许偏差和检验方法（表 4-7）**

装饰抹灰的允许偏差和检验方法 表 4-7

| 项目 | 允许偏差（mm） | | | | 检验方法 |
|---|---|---|---|---|---|
| | 水刷石 | 斩假石 | 干粘石 | 假面砖 | |
| 立面垂直度 | 5 | 4 | 5 | 5 | 用 2m 垂直检测尺检查 |
| 表面平整度 | 3 | 3 | 5 | 4 | 用 2m 靠尺和塞尺检查 |
| 阳角方正 | 3 | 3 | 4 | 4 | 用直角检测尺检查 |
| 分格条(缝)直线度 | 3 | 3 | 3 | 3 | 拉 5m 线,不足 5m 拉通线,用钢直尺检查 |
| 墙裙、勒脚上口直线度 | 3 | 3 | — | — | 拉 5m 线,不足 5m 拉通线,用钢直尺检查 |

# 4.3 涂饰工程

## 4.3.1 涂饰工程基本知识

涂饰工程是指将涂料敷于建筑物或构件表面,与建筑物或构件表面材料很好粘结后,形成完整涂膜（涂层）的饰面工程。涂料涂饰是当今建筑墙面采用最为广泛的一种饰面做法。

涂料是指涂于物体表面能形成具有保护、装饰或特殊性能（如绝缘、防腐、标志等）的固态涂膜的一类液体或固体材料的总称。建筑涂料是继传统刷浆材料之后的一种新型饰面材料，涂饰于物体表面能与基体材料很好粘结并形成完整而坚韧的保护膜。它具有施工方便、装饰效果好、经久耐用等优点。

**1. 涂饰工程材料准备**

在房屋装饰装修工程中，涂料的选择并不是价格越高越好，而应根据工程的实际情况进行科学选择，总的原则是要有良好的装饰效果、合理的耐久性和经济性。

按涂料使用的分散介质不同，分为溶剂型涂料、水性涂料（乳液型涂料、水溶性涂料）等。水性涂料绿色环保，但漆膜比较薄，颜色上也有限制。溶剂型涂料的表面渗透性强，漆膜较坚硬，有较鲜艳夺目的光泽，对涂刷条件要求不高，可在较广的温度和湿度范围内施工。

涂饰工程常用的施工方式有喷涂、滚涂和刷涂，所需的材料见表 4-8。

涂饰工程材料表　　　　　　　　　　　　　　　　表 4-8

| 名称 | 图片 | 用途 |
|---|---|---|
| 水性涂料 | | 以水作为主要溶剂或者分散介质的涂料，水性涂料又分为乳液型涂料、水溶性涂料等，常见的乳胶漆就是水性涂料。其品种、颜色应符合设计要求，并应有产品合格证和检测报告 |
| 溶剂型涂料 | | 以有机溶剂作为主要溶剂或者分散介质的涂料，常见的有丙烯酸酯涂料、聚氨酯丙烯酸涂料、有机硅丙烯酸涂料、醇酸树脂漆等。应有出厂合格证、质量保证书、性能检测报告、涂料有害物质含量检测报告 |
| 腻子粉 | | 是平整墙体表面的一种装饰性质的材料，是一种厚浆状涂料，是涂料粉刷前必不可少的一种产品。涂施于底漆上或直接涂施于物体上，用以清除被涂物表面上高低不平的缺陷 |
| 界面剂 | | 对物体表面进行处理，以改善材料的表面性能 |

| 名称 | 图片 | 用途 |
|---|---|---|
| 抗碱封闭底漆 |  | 用于混凝土基材作防护封闭底漆。对混凝土附着力超强,突出的耐碱性和封闭性能,与多种地坪涂料及混凝土构筑物防护涂料配套性好 |

**2. 涂饰工程施工机具**

涂饰工程的施工机具见表 4-9。

涂饰工程施工机具

表 4-9

| 名称 | 图片 | 用途 |
|---|---|---|
| 涂料搅拌器 | 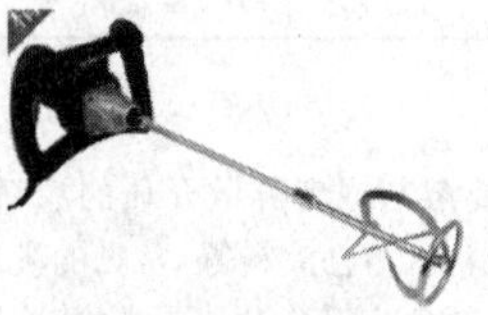 | 能很好地将需要融合的材料进行混合搅拌,为工程提供需要的混合材料 |
| 喷枪 |  | 由空气压缩机产生的压缩空气经喷枪前部的空气帽喷射出来时,就在涂料喷嘴的前部产生了一个比大气压低的低压区,这个压力差把涂料从涂料贮罐中吸出来,并在压缩空气高速喷射力的作用下,雾化成微粒喷洒在被涂物表面 |
| 气泵 |  | 一种压缩气体的设备,和喷枪一起把涂料喷于被涂物表面 |
| 胶皮刮板 |  | 用来刮打底腻子 |

| 名称 | 图片 | 用途 |
|------|------|------|
| 腻子托板 |  | 用来托装腻子 |
| 排笔 |  | 将涂料刷涂在物体表面上的一种工具,一般用于小面积涂刷 |
| 刷子 |  | 由手柄与细毛组成,常用于装饰工地的油漆涂刷过程中,油漆刷子主要用来刷涂料、胶水等 |
| 滚筒刷 |  | 又称滚筒,分为长毛、中毛、短毛三种,是一种用于大面积涂料滚涂的工具 |
| 砂纸 |  | 用于磨光木器、竹器、金属或其他物件表面。耐水砂纸(水磨砂纸)用于在水中或油中磨光金属或非金属表面 |
| 调漆桶 |  | 盛放油漆的容器,一般由白铁皮制成,表面有一层防锈用的包装涂料 |

目前在装饰工程中,墙面的涂饰工程还出现了一些新的产品,应用比较多的是美术涂料、氟碳涂料、墙石漆、硅藻泥、壁砂漆等。

硅藻泥

## 4.3.2　水性涂料涂饰施工

水性涂料按照化学成分不同分为乳液型涂料、无机涂料和水溶性涂料,

按照涂膜的厚度又分为薄涂料、厚涂料和复层涂料，分类见表 4-10。

水性涂料类别 表 4-10

| 分类依据 | 类别 | 特点 |
|---|---|---|
| 化学成分 | 乳液型涂料 | 是应用最多的涂料，它以水为稀释剂，有效降低了施工污染、毒性和易燃性 |
| | 无机涂料 | 也叫矿物涂料，广泛用于建筑、绘画等日常生活领域。早在几千年前中国西部地区的人民就实用于绘画及建筑装饰，至今仍保存完好 |
| | 水溶性涂料 | 是聚乙醇溶解在水中，再在其中加入颜料等其他助剂而成，主要产品有 106、107、803 内墙涂料。这种涂料的缺点是不耐水、不耐碱，涂层受潮后容易剥落，属低档内墙涂料 |
| 涂膜厚度 | 薄涂料 | 又称薄质涂料。它的黏度低，刷涂后能形成较薄的涂膜，表面光滑、平整、细致，但对基层凹凸线型无任何改变作用 |
| | 厚涂料 | 以液态或干粉类的合成树脂和骨料为主要原料，与各种不同辅助添加剂混合而成。采用喷、辊、涂、抹等方法涂布于建筑物内外墙，对墙体起装饰和保护作用的涂料产品 |
| | 复层涂料 | 是由封底涂料、主层涂料及罩面涂料组成。复层涂料也称凹凸花纹涂料或浮雕涂料，是应用较广的建筑物内外墙涂料 |

我们常见的乳胶漆就是乳液型涂料、薄涂料，下面我们以乳液型涂料为例进行学习。

**1. 乳液型涂料施工准备**

（1）各种孔洞修补及抹灰作业全部完成，验收合格。

（2）门窗玻璃安装、管道设备试压及防水工程完毕并验收合格。

（3）基层应干燥，含水率不大于 10%。

（4）施工环境清洁、通风、无尘埃，作业面环境温度应在 5~35℃。

（5）施工前先做样板，经设计、监理、建设单位及有关质量部门验收合格后再大面积施工。

**2. 乳液型涂料施工工艺流程**

基层处理→刮腻子→刷涂料。

**3. 乳液型涂料施工操作要点**

（1）基层处理。将基层起皮松动处清除干净，用聚合物水泥砂浆补抹后，将残留灰渣铲除扫净。新建筑物的混凝土或抹灰基层在涂饰前应涂刷抗碱封闭底漆，改造工程在涂饰涂料前应清除疏松的旧装饰层，并涂刷界面剂。

基层处理

（2）刮腻子。刮腻子遍数可由墙面平整程度决定，一般情况为三遍：第一遍用胶皮刮板横向满刮，一刮板接一刮板，接头不得留槎，每一刮板最后收头要干净利索，干燥后用砂纸打磨，将浮腻子及斑迹磨光，再将墙面清扫干净；第二遍仍用胶皮刮板纵向满刮，方法同第一遍；第三遍用钢片刮板满刮腻子，腻子应刮的尽量薄，将墙面刮平、刮光。干燥后用细砂纸磨平、磨光，不得遗漏或将腻子磨穿。

（3）刷涂料。涂刷顺序是先刷顶棚后刷墙面，墙面是先上后下，先左后右操作；涂料使用前充分搅拌，如不很稠，不宜加水，以防透底。漆膜干燥后，用细砂纸将墙面小疙瘩打磨掉，磨光滑后清扫干净。大面积施工时应几

涂饰施工工艺

人配合一次完成，避免出现干燥后再接槎。根据使用工具不同，涂饰工程施工方式有三种：刷涂法、滚涂法和喷涂法，见表 4-11。

涂料施工方式　　　　　　　　　　　　　　表 4-11

| | 图片 | 施工特点 |
|---|---|---|
| 刷涂法 | | 先将基层清扫干净，涂料用排笔或刷子涂刷。涂料使用前应搅拌均匀，适当加水稀释，防止头遍漆刷不开。干燥后复补腻子，用砂纸磨光，清扫干净 |
| 滚涂法 | | 将蘸取涂料的滚筒刷先按"W"方式运动将涂料大致涂在基层上，然后用不蘸涂料的滚筒刷紧贴基层上下、左右来回滚动，使涂料在基层上均匀展开。最后用蘸取涂料的滚筒刷按一定方向满滚一遍，阴角及上下口处则宜采用排笔刷涂找齐 |
| 喷涂法 | | 喷枪压力宜控制在 0.4～0.8MPa 范围内。喷涂时，喷枪与墙面应保持垂直，距离宜在 500mm 左右，匀速平行移动，重叠宽度宜控制在喷涂宽度的 1/3 |

## 4.3.3　水性涂料涂饰质量验收标准

### 1. 水性涂料施工的主控项目与一般项目质量验收（表 4-12～表 4-15）

水性涂料施工的主控项目与一般项目　　　　　　表 4-12

| | 内容 | 检测方法 |
|---|---|---|
| 主控项目 | 水性涂料涂饰工程所用涂料的品种、型号和性能应符合设计要求及国家现行标准的有关规定 | 检查产品合格证书、性能检验报告、有害物质限量检验报告和进场验收记录 |
| | 水性涂料涂饰工程的颜色、光泽、图案应符合设计要求 | 观察 |
| | 水性涂料涂饰工程应涂饰均匀、粘结牢固，不得漏涂、透底、开裂、起皮和掉粉 | 观察；手摸检查 |
| | 水性涂料涂饰工程的基层处理应符合本标准的规定 | 观察；手摸检查；检查施工记录 |
| 一般项目 | 薄涂料的涂饰质量和检验方法应符合表 4-13 的规定 | 观察 |
| | 厚涂料的涂饰质量和检验方法应符合表 4-14 的规定 | 观察 |
| | 复层涂料的涂饰质量和检验方法应符合表 4-15 的规定 | 观察 |
| | 涂层与其他装修材料和设备衔接处应吻合，界面应清晰 | 观察 |

薄涂料涂饰质量和检验方法　　　　　表 4-13

| 项目 | 普通涂饰 | 高级涂饰 | 检验方法 |
|---|---|---|---|
| 颜色 | 均匀一致 | 均匀一致 | 观察 |
| 光泽、光滑 | 光泽基本均匀,光滑无挡手感 | 光泽均匀一致,光滑 | |
| 泛碱、咬色 | 允许少量轻微 | 不允许 | |
| 流坠、疙瘩 | 允许少量轻微 | 不允许 | |
| 砂眼、刷纹 | 允许少量轻微砂眼、刷纹通顺 | 无砂眼,无刷纹 | |

厚涂料涂饰质量和检验方法　　　　　表 4-14

| 项目 | 普通涂饰 | 高级涂饰 | 检验方法 |
|---|---|---|---|
| 颜色 | 均匀一致 | 均匀一致 | 观察 |
| 光泽 | 光泽基本均匀 | 光泽均匀一致 | |
| 泛碱、咬色 | 允许少量轻微 | 不允许 | |
| 点状分布 | — | 疏密均匀 | |

复层涂料涂饰质量和检验方法　　　　　表 4-15

| 项目 | 高级涂饰 | 检验方法 |
|---|---|---|
| 颜色 | 均匀一致 | 观察 |
| 光泽 | 光泽基本均匀 | |
| 泛碱、咬色 | 不允许 | |
| 喷点疏密程度 | 均匀,允许连片 | |

**2. 水性涂料涂饰工程的允许偏差和检验方法（表 4-16）**

水性涂料涂饰工程施工的允许偏差和检验方法　　　　　表 4-16

| 项目 | 允许偏差（mm） | | | | | 检验方法 |
|---|---|---|---|---|---|---|
| | 薄涂料 | | 厚涂料 | | 复层涂料 | |
| | 普通涂饰 | 高级涂饰 | 普通涂饰 | 高级涂饰 | | |
| 立面垂直度 | 3 | 2 | 4 | 3 | 5 | 用 2m 垂直检测尺检查 |
| 表面平整度 | 3 | 2 | 4 | 3 | 5 | 用 2m 靠尺和塞尺检查 |
| 阳角方正 | 3 | 2 | 4 | 3 | 4 | 用 200mm 直角检测尺检查 |
| 装饰线、分色线、直线度 | 2 | 1 | 2 | 1 | 3 | 拉 5m 线,不足 5m 拉通线,用钢直尺检查 |
| 墙裙、勒脚上口直线度 | 2 | 1 | 2 | 1 | 3 | 拉 5m 线,不足 5m 拉通线,用钢直尺检查 |

## 4.3.4　溶剂型涂料涂饰施工

溶剂型涂料是用有机溶剂（二甲苯、醋酸丁酯、香蕉水等）为分散介质而制得的涂料。虽然溶剂型涂料存在着污染环境、浪费能源以及成本高等问题，但溶剂型涂料有其自身明显的优势，因此被广泛应用于金属、木材和建筑外墙等表面。下面我们以木制品表面的溶剂型涂料为例进行学习。

**1. 溶剂型涂料施工准备**

（1）设备管洞处理完毕，门窗玻璃、安装工程施工完毕，并验收合格。

（2）作业环境温度不低于10℃，相对湿度不宜大于60％。

（3）基层干燥，含水率不大于8％。

（4）施工现场环境清洁、通风、无尘埃，有可靠的遮挡措施。

（5）对操作人员进行安全技术交底。施工前做样板，经设计、监理、建设单位及有关质量部门验收合格后再大面积施工。

**2. 溶剂型涂料操作工艺**

溶剂型涂料施工工艺流程有：基层处理→涂底漆→刮腻子→刷第一遍涂料、补腻子→刷第二遍涂料、补腻子→刷第三遍涂料。

（1）基层处理。基层的质量对成品质量有重要的影响，不同材质的基底有不同的处理方法。木材表面先将木材表面擦干净，再将孔洞用腻子填实，待腻子干透后用砂纸打磨，如图4-19所示。如果做透明油漆，可做漂白处理。旧基层根据旧漆膜的质量决定是否需要全部清除，如基层粉化、掉皮就将旧基层全部清除。经过处理后应达到干燥、清洁，无酥松、粉化、脱皮、起鼓等现象。

（2）涂底漆。使用与面层匹配的底漆，采用滚涂、刷涂、喷涂等方法施工，深入渗透基层形成牢固的基面。

（3）刮腻子。用胶皮刮板横向满刮，一刮板紧接一刮板，接头不得留槎，每一刮板最后收头时要注意收的干净利落，如图4-20所示。干燥后用砂纸将浮腻子、斑迹、刷纹磨平、磨光。再刮第二遍腻子，用胶皮刮板竖向满刮，干燥后用砂纸磨平并清扫干净。

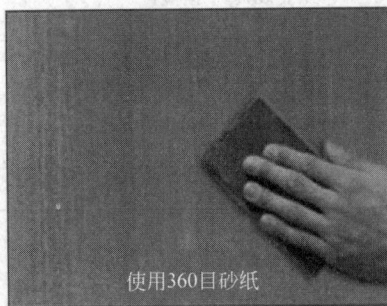

图4-19 砂纸打磨平整      图4-20 满刮腻子

（4）刷第一遍涂料、补腻子。涂刷顺序应从上到下、从左到右。不应刮刷，以免涂刷过厚或漏刷。当为喷涂时，喷嘴距墙面一般为400～600mm左右，喷涂时喷嘴垂直于木制品表面平行移动。第一遍涂料干燥后，个别缺陷或漏抹腻子处要复补腻子，干燥后磨砂纸，把小疙瘩、腻子斑迹磨平、磨光，然后清扫干净，如图4-21所示。

（5）刷第二遍涂料、补腻子。涂刷及喷涂做法同第一遍涂料，第二遍涂料干燥后，个别缺陷或漏抹腻子处再复补腻子，干燥后砂纸磨平、磨光，然后清扫干净。

（6）刷第三遍涂料。此道工序为最后一遍罩面涂料，涂料稠度可稍大，在涂刷时应多理多

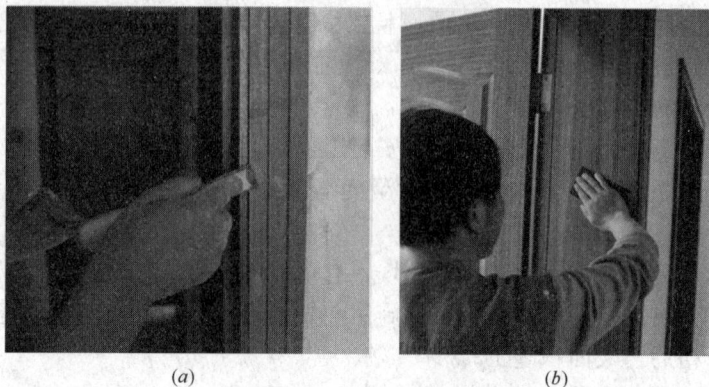

图 4-21 复补腻子

（a）复补腻子；（b）修补磨光擦净

顺，使涂膜饱满，薄厚均匀一致，不流不坠。如果大面积施工时应几人同时配合一次完成。

### 4.3.5 溶剂型涂料涂饰质量验收标准

**1. 溶剂型涂料涂饰工程的主控项目与一般项目的质量验收标准（表4-17）**

溶剂型涂料施工主控项目与一般项目　　　　表 4-17

| | 内容 | 检测方法 |
|---|---|---|
| 主控项目 | 溶剂型涂料涂饰工程所选用涂料的品种、型号和性能应符合设计要求及国家现行标准的有关规定 | 检查产品合格证书、性能检验报告、有害物质限量检验报告和进场验收记录 |
| | 溶剂型涂料涂饰工程的颜色、光泽、图案应符合设计要求 | 观察 |
| | 溶剂型涂料涂饰工程应涂饰均匀、粘结牢固，不得漏涂、透底、起皮和反锈 | 观察；手摸检查 |
| | 溶剂型涂料涂饰工程的基层处理应符合规范要求 | 观察；手摸检查；检查施工记录 |
| 一般项目 | 色漆的涂饰质量和检验方法应符合规范规定 | 观察 |
| | 清漆的涂饰质量和检验方法应符合规范规定 | 观察 |
| | 涂层与其他装修材料和设备衔接处应吻合，界面应清晰 | 观察 |

**2. 溶剂型涂料涂饰工程施工的允许偏差和检验方法（表4-18）**

溶剂型涂料涂饰工程施工允许偏差和检验方法　　　　表 4-18

| 项目 | 允许偏差(mm) | | | | 检验方法 |
|---|---|---|---|---|---|
| | 色漆普通涂饰 | 色漆高级涂饰 | 清漆普通涂饰 | 清漆高级涂饰 | |
| 立面垂直度 | 4 | 3 | 3 | 2 | 用2m垂直检测尺检查 |
| 表面平整度 | 4 | 3 | 3 | 2 | 用2m靠尺和塞尺检查 |
| 阳角方正 | 4 | 3 | 3 | 2 | 用200mm直角检测尺检查 |
| 装饰线、分色线、直线度 | 2 | 1 | 2 | 1 | 拉5m线，不足5m拉通线，用钢直尺检查 |
| 墙裙、勒脚上口直线度 | 2 | 1 | 2 | 1 | 拉5m线，不足5m拉通线，用钢直尺检查 |

# 4.4　裱糊与软包工程

## 4.4.1　裱糊工程基本知识

裱糊工程指将壁纸或墙布粘贴在室内的墙面、柱面、天棚面的饰面工程。它具有装饰性好，图案花纹丰富多彩，材料质感自然，功能多样等优点。除了装饰功能外，还具有吸声、隔热、防潮、防霉等功能，如图 4-22 所示。

图 4-22　壁纸

### 1. 裱糊工程材料准备

裱糊工程饰面材料主要是各种壁纸、墙布、胶粘剂等，见表 4-19。壁纸、墙布的图案、品种、色彩等应符合设计要求，并附有产品合格证；胶粘剂应按壁纸和墙布的品种选配，并应具有防霉、防菌、耐久等性能，如有防火要求则胶粘剂应具有耐高温性能。所有进入现场的产品，均应有产品质量保证资料和近期检测报告。

裱糊工程材料列表　　　　　　　　　　　　　　　　表 4-19

| 名称 | 图片 | 简介 |
| --- | --- | --- |
| 壁纸 |  | 壁纸有多种材质,如 PVC 壁纸、无纺纸壁纸、纯纸壁纸，还有金箔壁纸、植绒壁纸、刺绣壁纸等 |
| 墙布 |  | 又称"壁布",裱糊墙面的织物。用棉布为底布,并在底布上施以印花或轧纹浮雕,也有以大提花织成。所用纹样多为几何图形和花卉图案 |
| 胶粘剂 |  | 常用的胶粘剂有糯米胶、桶装的墙纸胶和淀粉胶。淀粉胶一般由淀粉和胶浆双组分组成;桶装的墙纸胶也是现代墙面装修中使用十分普遍的一种墙纸粘结材料,使用方便、粘结力强;糯米胶使用天然糯米和糯玉米为原料,绿色环保,适用范围广,黏性持久 |
| 壁纸基膜 |  | 抗碱、防潮、防霉的墙面处理材料,能有效地防止施工基面的潮气水分及碱性物质外渗,避免对墙体装饰材料如墙纸、涂料层、胶合板、装饰板的不良损害 |

91

**2. 裱糊工程施工机具准备**

裱糊工程施工机具见表 4-20，除此之外还要有水平仪、裁纸工作台、钢尺（1m 长）、壁纸刀、毛巾、塑料水桶、塑料脸盆、塑料刮板、手持搅拌器、排笔、盒尺、刮板、铅笔、笤帚等。

裱糊工程施工机具列表                                                      表 4-20

| 名称 | 图片 | 用途 |
| --- | --- | --- |
| 小滚轮 | | 用于壁纸接缝压紧 |
| 马鬃刷 | | 用于植绒壁纸、刺绣壁纸等不适宜使用刮板刮平的壁纸铺贴 |
| 壁纸刷胶机 | | 可以快速均匀地给壁纸上胶 |

## 4.4.2 壁纸裱糊工程施工

**1. 壁纸裱糊工程施工准备**

（1）顶棚喷浆、门窗油漆、地面装修已完成，并将面层保护好。

（2）水、电、设备及顶墙预埋件已完成。

（3）裱糊工程基体或基层的含水率：混凝土和抹灰不得大于 8%；木材制品不得大于 12%。直观灰面反白，无湿印，手摸感觉干。

（4）突出基层表面的设备或附件已临时拆除卸下，待壁纸贴完后再将部件重新安装复原。

（5）较高房间已提前搭设脚手架或准备铝合金折叠梯子，较矮房间已提前钉好木马凳。

（6）壁纸的品种、花色、色泽样板已确定。根据基层及壁纸的具体情况，已选择、准备好施工所需的胶粘剂。

**2. 壁纸裱糊工程操作工艺**

裱糊工程施工工艺流程为：基层处理→弹线分格→测量裁纸编号→刷胶粘剂→裱糊→修整、养护。

（1）基层处理。将基层表面的污垢、尘土清除干净，基层面不得有飞刺、麻点、砂粒和裂缝，阴阳角应顺直。如墙面疏松或不平整，需把旧找平层清除，并重新刮腻子找平，可以根据基层情况满刮一遍或两遍，腻子刮完以后要用砂纸打磨平整。木材基层的接缝、钉眼，纸面石膏板的板缝处和钉孔处做局部找平。在裱糊壁纸前一天涂刷基膜，水与基膜比例约为 1∶1 或按说明书操作，如图 4-23 所示。

（2）弹线分格。裱糊第一幅壁纸前应弹垂直线作为裱糊的准线，如图 4-24 所示。对于无窗口的墙面，可挑一个靠近窗台的角落，在距墙角 15cm 处弹第一条垂线。有窗口的墙面应在窗口弹好中线，再往两边分线。窗口不在墙中间时，应先弹窗间墙中线，由中心线向两侧再分格弹垂线。电视背景墙等局部裱糊宜从中间往两边贴，使壁纸对称。裱糊顶棚时也应弹出一条平行于房间长度方向的基准线。

图 4-23  涂刷基膜

图 4-24  投线找垂直

（3）测量裁纸编号。家装中最常用的壁纸规格为每卷长 10m，宽度为 530mm。在估算房间墙面所用墙纸时，一般用房间面积×3÷5.3＝所需卷数，购买时在所需卷数基础上再加一卷作为富余量。根据裱糊面尺寸和材料规格统筹规划，并考虑修剪量，两端各留出 30～50mm，剪出第一段壁纸。裁纸时尺子压紧壁纸后不得再移动，确认无误后，一刀裁成，如图 4-25 所示。裁割后的壁纸要按弹线的位置进行编号，平放待用。有图案的应将图形从上部开始对花。

（4）刷胶粘剂要求薄而均匀，不裹边，不漏刷。基层表面的涂刷宽度要比预贴的壁纸宽 20～30mm。塑料壁纸、发泡壁纸、金属壁纸需要提前泡水使之膨胀，上墙干燥后会更平整。复合纸质壁纸、纺织纤维壁纸只需在刷胶后将壁纸叠放静置 2～3 分钟，这样可以使胶粘剂附着更均匀，如图 4-26 所示。

图 4-25  裁切壁纸

（5）裱糊壁纸。第一张壁纸裱糊时，将其对折，上半截的边缘靠着垂线成一直线，轻轻压平，并由中间向外用刷子将上半截纸敷平，然后再贴下半截纸。对于需重叠对花的各类壁纸，应先裱糊对花，然后再用钢尺对齐裁下余边。裁切时，应一次切掉，不得重割。发泡壁纸、植绒壁纸、刺绣壁纸等复合壁纸不能使用刮板赶胶，只可使用海绵或毛刷赶平。壁纸不得在阳角处拼缝，应包角压实，壁纸包过阳角不小于 20mm。阴角壁纸搭缝时应先裱糊压在里面的壁纸，再粘贴面层壁纸，搭接面应根据阴角垂直度而定，宽度一般 2～3mm，并应顺光搭接，使拼缝看起来不显眼，如图 4-27 所示。

(a)　　　　　　　　(b)　　　　　　　　(c)

图 4-26　调制胶粘剂、壁纸刷胶和叠放

(a) 糯米胶；(b) 壁纸刷胶；(c) 壁纸叠放

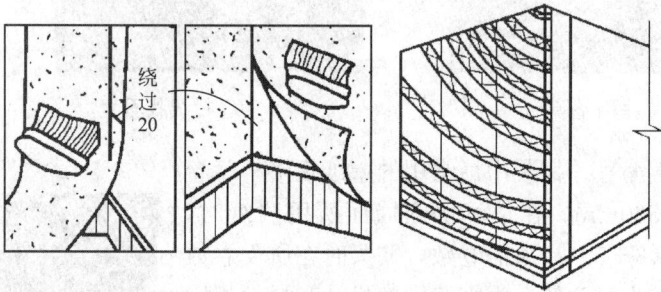

图 4-27　阴阳角位置处理

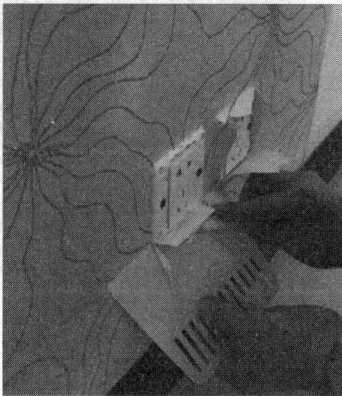

图 4-28　突出物处理

裱糊壁纸应拆下插座面板等突出物，完工后再重新安装，遇有基层卸不下来的设备或突出物件时，应将壁纸舒展地裱在基层上，然后裁去多余部分，使突出物四周不留缝隙，如图 4-28 所示。壁纸与顶棚、挂镜线、踢脚线的交接处应严密顺直。裱糊后将上下两端多余壁纸切齐，撕去余纸贴实端头。在顶棚上裱糊壁纸，宜沿房间的长边方向裱糊。

（6）修整、养护。壁纸裱糊后，如有局部翘边、气泡等现象应及时修补。死褶是由于没有顺平就赶压刮平所致，修整时应在壁纸未干时用干净毛巾热敷后刮压平整；气泡主要是由于胶液涂刷不均匀，裱糊时未赶出气泡所致，可用注射用针管插入壁纸，抽出空气后，再注入适量的胶液后用橡胶刮板刮平；离缝或亏纸的主要原因是裁纸尺寸测量不准、裱贴不垂直，可用同色乳胶漆描补或用相同纸搭槎粘补，如离缝或亏纸较严重，则应撕掉重裱。修整完成后应关闭门窗，避免阳光直射和穿堂风。

### 4.4.3　裱糊工程施工质量验收标准

**1.裱糊工程施工的主控项目与一般项目的质量验收标准（表4-21）**

壁纸裱糊施工的主控项目与一般项目　　　　　　　表 4-21

| | 内容 | 检测方法 |
|---|---|---|
| 主控项目 | 壁纸、墙布的种类、规格、图案、颜色和燃烧性能等级必须符合设计要求及国家现行标准的有关规定 | 观察;检查产品合格证书,进场验收记录和性能检测报告 |
| | 裱糊工程基层处理质量应符合规范要求 | 观察;手摸检查;检查施工记录 |
| | 裱糊后各幅拼接应横平竖直,拼接处花纹、图案应吻合,不离缝,不搭接,不显拼缝 | 观察;拼缝检查距离墙面1.5m处正视 |
| | 壁纸、墙布应粘贴牢固,不得有漏贴、补贴、脱层、空鼓和翘边 | 观察;手摸检查 |
| 一般项目 | 裱糊后的壁纸、墙布表面应平整,色泽应一致,不得有波纹起伏、气泡、裂缝、皱折及斑污,斜视时应无胶痕 | 观察;手摸检查 |
| | 复合压花壁纸的压痕及发泡壁纸的发泡层应无损坏 | 观察 |
| | 壁纸、墙布与各种装饰线、设备线盒应交接严密 | 观察 |
| | 壁纸、墙布边缘应平直整齐,不得有纸毛、飞刺 | 观察 |
| | 壁纸、墙布阴角处搭接应顺光,阳角处应无接缝 | 观察 |

**2.裱糊工程施工的允许偏差和检验方法（表4-22）**

裱糊工程施工的允许偏差和检验方法　　　　　　　表 4-22

| 项目 | 允许偏差(mm) | 检验方法 |
|---|---|---|
| 表面平整度 | 3 | 用2m靠尺和塞尺检查 |
| 立面垂直度 | 3 | 用2m垂直检测尺检查 |
| 阴阳角方正 | 3 | 用200mm直角检测尺检查 |

### 4.4.4　软包工程施工

软包是指在室内墙面用柔性材料加以包装的墙面装饰方法。软包所使用的材料质地柔软,色彩柔和,能够柔化整体空间氛围,提升家居档次。软包墙面是现代室内墙面装修常用的做法,适用于有吸声要求的会议室、多功能厅、娱乐厅、消声室、住宅起居室、儿童卧室等室内空间,饰面效果如图4-29所示。有吸声、保温、防儿童碰伤、质感舒适、美观大方等优点。

图 4-29　软包墙面

**1.软包工程构造做法**

软包工程的构造可分为底层、吸声层

和面层三大部分，如图 4-30 所示。不论哪一部分材料必须满足防火要求。

（1）底层。要求具有极好的平整度，有一定的强度和刚度，多用阻燃型胶合板。

（2）吸声层。必须采用质轻不燃的多孔材料，如玻璃棉、超细玻璃棉、自熄型聚氨酯泡沫等。

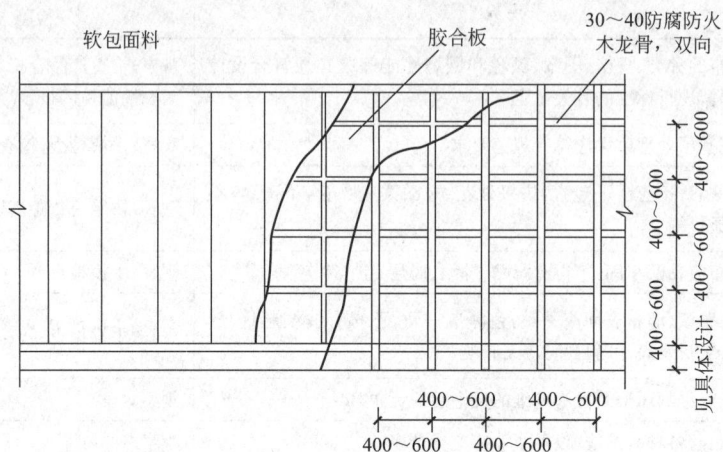

图 4-30　软包构造图

（3）面层。须采用阻燃型高档豪华软包面料，如各种人造革、皮革及装饰布等。

**2. 软包工程材料准备**

软包面料及内衬材料的材质、颜色、图案及燃烧性能等级应符合设计要求和国家有关规定要求，施工材料清单见表 4-23。

软包工程材料清单　　　　　　　　　　　　　　　　表 4-23

| 名称 | 图片 | 用途 |
| --- | --- | --- |
| 布料 |  | 作为软包饰面材料之一,具有很好的吸声降噪效果,具有很强的装饰效果 |
| 皮革 |  | 皮革为软包饰面材料之一,同时保温、阻燃、防霉防潮、质轻、耐用、防尘等特点让其在声学装饰材料上占有很大的地位 |
| 聚氨酯泡沫 |  | 是化合物经聚合发泡制成,按其硬度可分为软质和硬质两类,其中软质为主要品种。一般来说,它具有极佳的弹性、柔软性、伸长率和压缩强度;化学稳定性好 |

续表

| 名称 | 图片 | 用途 |
|---|---|---|
| 胶粘剂 |  | 一般使用 XY-405 胶或水溶性酚醛树脂胶,把海绵粘贴在衬板上,起到固定作用 |
| 衬板 |  | 衬板可以用五层板、密度板、防火板等材料,主要起到固定海绵和面层材料的作用。应平整干燥、无脱胶开裂、腐朽、空鼓,含水率不大于 12%,甲醛释放量不大于 1.5mg/L |
| 木龙骨 | 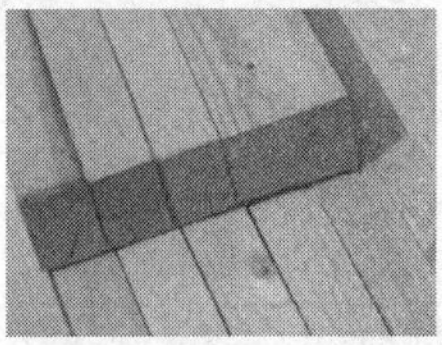 | 衬板之下的打底龙骨,一般使用 30mm×40mm 的规格,要刨平且涂刷防火涂料 |

### 3. 软包工程施工机具（表 4-24）

软包工程施工机具　　　　　　　　表 4-24

| 名称 | 图片 | 用途 |
|---|---|---|
| 电锯 |  | 用来切割木方条和衬板 |
| 气钉枪、气钉 | 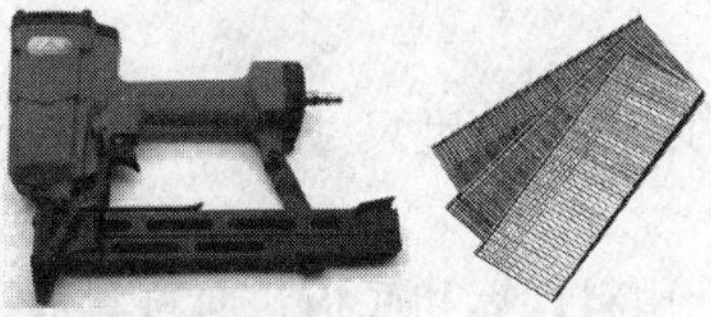 | 气钉枪是使用空气压缩机,将气钉射入木料以及较软的材质里。用来钉木方、衬板和面层材料 |
| 码钉枪、码钉 | 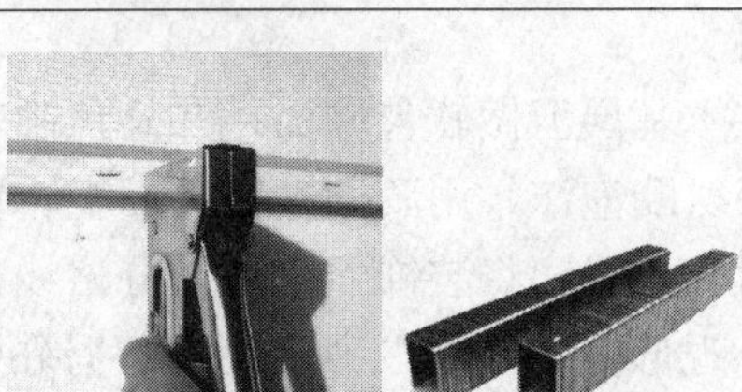 | 码钉枪又称射钉器,是利用发射空包弹产生的火药燃气作为动力,将码钉打入物体的工具 |

| 名称 | 图片 | 用途 |
| --- | --- | --- |
| 裁刀 | | 用来裁切聚氨酯泡沫 |
| 手工刨 | | 用来刨平木方条 |
| 冲击钻 | | 在墙体打孔,用来固定基层龙骨 |

**4. 软包工程作业条件**

（1）基层应平整、洁净牢固，垂直度、平整度均应符合验收规范要求。

（2）顶棚、墙面、地面等分项工程基本完成。

（3）已对施工人员进行质量、安全、环保技术交底，特别是软包面料带图案或颜色、造型复杂时应另附详图。

**5. 软包工程操作工艺**

基层处理→弹线→计算用料→制作安装→修整。

（1）基层处理。在混凝土或砌块墙上要先预埋木砖，检查平整度是否符合要求，墙面做防水卷材防潮层或涂刷防水涂料；在胶合板墙上安装前，先在其背面涂刷防火涂料，涂满、涂匀。然后用气钉枪将胶合板钉在木龙骨上，检查胶合板安装是否牢固，平整度是否符合要求，如有不符合应及时修整。

（2）弹线。根据设计图在基层上画出软包的外框及造型尺寸线，并按此尺寸裁出木边框拼装到木基层上。

（3）计算用料。按设计要求、分格尺寸进行用料计算和底板、面料套裁工作。要注意同一房间、同一图案的面料必须用同一卷材料。

（4）制作安装。方法有两种：一是直接在木基层上做软包墙面；二是预制软包块拼装软包墙面。第一种做法将裁好的内衬材料（聚氨酯泡沫）用胶满粘在墙面上，再将裁好的面料周边抹胶粘在衬底上，拉平整，接缝正对分格线。将装饰线角钉在分格线处。钉木线角的同时调整面料平整度，钉牢拉平，保证外观形美观；第二种做法是根据分格尺寸，把胶合板、内衬材料、软包面料预裁。先把内衬材料用胶粘贴在胶合板上，然后把软包面料（规格尺寸大于胶合板 50~80mm）沿胶合板卷到板背面，展平顺后用码钉枪固定，码钉间距不大于 30mm。安装时首先经过试拼达到设计要求效果后，将软包预制块安装到预先定好的边框内，用气钉枪与基层钉牢，最后安装盖缝条、帽头钉等装饰，见图 4-31。

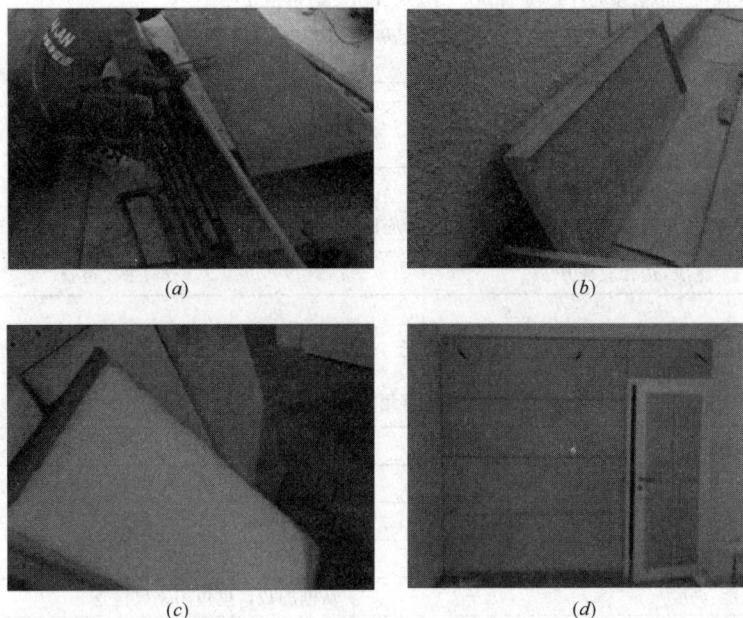

图 4-31　软包施工流程
（a）下料；（b）预制软包块；（c）固定内衬材料、面层材料；（d）固定软包块

（5）修整。软包安装完成后要进行检查，如发现面料拉不平、有皱折，图案不符合设计要求的情况应及时修整。

与软包对应的是硬包，硬包是直接把基层的木工板或高密度纤维板做成所需的造型，然后把板材的边做成 45°的斜边，再用布艺或皮革饰面。在现代居室、酒店、办公场所也有大量使用。

## 4.4.5　软包工程施工质量验收标准

**1. 软包墙面施工的主控项目与一般项目的质量验收标准（表 4-25）**

软包工程的主控项目与一般项目　　　　　　　　　表 4-25

| | 内容 | 检测方法 |
|---|---|---|
| 主控项目 | 软包工程的安装位置及构造做法应符合设计要求 | 观察；尺量检查；检查施工记录 |
| | 软包边框所选木材的材质、花纹、颜色和燃烧性能等级应符合设计要求及国家现行标准的有关规定 | 观察；检查产品合格证书、进场验收记录、性能检验报告和复验报告 |
| | 软包衬板材质、品种、规格、含水率应符合设计要求。面料及内衬材料的品种、规格、颜色、图案及燃烧性能等级应符合国家现行标准的有关规定 | 观察；检查产品合格证书、进场验收记录、性能检验报告和复验报告 |
| | 软包工程的龙骨、边框应安装牢固 | 手扳检查 |
| | 软包衬板与基层应连接牢固，无翘曲、变形，拼缝应平直，相邻板面接缝应符合设计要求；横向无错位拼接的分格应保持通缝 | 观察；检查施工记录 |

续表

| | 内容 | 检测方法 |
|---|---|---|
| 一般项目 | 单块软包面料不应有接缝,四周应绷压严密。需要拼花的拼接处花纹、图案应吻合。软包饰面上电气槽、盒的开口位置、尺寸应正确,套割应吻合,槽、盒四周应镶硬边 | 观察;手摸检查 |
| | 软包工程的表面应平整、洁净、无污染、无凹凸不平及皱折;图案应清晰、无色差,整体应协调美观、符合设计要求 | 观察 |
| | 软包工程的边框表面应平整、光滑、顺直,无色差、无钉眼;对缝、拼角应均匀对称、接缝吻合。清漆制品木纹、色泽应协调一致 | 观察;手摸检查 |
| | 软包内衬应饱满,边缘应平齐 | 观察;手摸检查 |

**2. 软包工程安装的允许偏差和检验方法（表 4-26）**

软包工程安装的允许偏差和检验方法 表 4-26

| 项目 | 允许偏差(mm) | 检验方法 |
|---|---|---|
| 单块软包边框水平度 | 3 | 用1m水平尺和塞尺检查 |
| 单块软包边框垂直度 | 3 | 用1m垂直检测尺检查 |
| 单块软包对角线长度差 | 3 | 从框的裁口里角用钢尺检查 |
| 单块软包宽度、高度 | 0,—2 | 从框的裁口里角用钢尺检查 |
| 分格条(缝)直线度 | 3 | 拉5m线,不足5m拉通线,用钢直尺检查 |
| 裁口线条结合处高度差 | 1 | 用直尺和塞尺检查 |

# 4.5 饰面砖工程

## 4.5.1 认识饰面砖工程

饰面砖一般指墙面瓷砖的总称,也可以叫墙面装饰面砖。从使用部位上来分主要有外墙砖、内墙砖和特殊部位的艺术造型砖等。从烧制的材料及其工艺来分,主要有陶瓷锦砖(马赛克)、全瓷砖、釉面砖,还有陶砖等。饰面砖工程是指用不同的饰面砖在建筑结构面上进行表面装饰的工程。

**1. 饰面砖工程材料准备**

饰面砖种类很多,常用的见表 4-27,除此之外还需要准备水泥、砂子、水、瓷砖胶粘剂等。

常用饰面砖材料 表 4-27

| 名称 | 图片 | 特点和用途 |
|---|---|---|
| 陶瓷锦砖（马赛克） | | 具有质地坚实、抗压强度高、色泽明净、图案美观、耐污染、耐腐、耐磨、耐水、抗火、抗冻、不吸水、不滑、易清洗、造价较低等特点。彩色陶瓷锦砖还可用于镶拼成壁画,其装饰性和艺术性均较好 |

续表

| 名称 | 图片 | 特点和用途 |
|------|------|-----------|
| 全瓷砖 | | 指的是吸水率小于 0.5% 的瓷砖,也就是烧透了的瓷砖,其吸水率非常的低,具有硬度高、耐磨的特点,俗称玻化砖、通体砖、抛光砖等,广泛用于墙地面饰面 |
| 炻质砖 | | 即半瓷砖,吸水率 0.5%～10%。仿古砖、小地砖、水晶砖、耐磨砖、哑光砖等是炻质砖 |
| 釉面砖 | | 陶土烧制表面经过烧釉处理的砖,一般吸水率大于 10%,釉面砖是装修中最常见的砖,由于色彩图案丰富,被广泛使用于内墙墙面和地面装修 |

**2. 饰面砖工程施工机具准备**

饰面砖工程的施工机具有激光水平仪、筛子、木抹子、铁抹子、小灰铲、直木杠、托线板、水平尺、墨斗、尼龙线、2m 靠尺板、洒水壶、钢丝刷、长毛刷、小铁锤、钢扁铲、大线锤、钢直尺、角尺、齿型、手提式电动切割机、电动搅拌器、内外直角检测尺、瓷砖切割机及拌灰工具等。在贴墙面砖工程中使用到的主要机具设备见表 4-28。在施工过程中,一定要按照使用操作规范要求,安全第一。

饰面砖工程施工机具清单　　　　　　　　　　　　　表 4-28

| 名称 | 图片 | 用途 |
|------|------|------|
| 齿形抹子（刮板） | | 将瓷砖胶胶浆梳理于基层上,有利于贴砖时瓷砖背面空气的排除,对满浆率有很好的保障。同时,选择不同大小的齿形刮板,能够有效控制胶浆的用量,从而控制粘贴层厚度,提高施工效率,节省材料 |
| 瓷砖高低调节器 | | 又称墙砖定位器,适用于工人贴墙面砖时定位用,使用简单方便、定位精准、省工省时 |

续表

| 名称 | 图片 | 用途 |
|---|---|---|
| 手提式电动切割机 |  | 适用于非金属脆性材料切割、开槽作业，具有切削效率高、加工质量好、使用简便、劳动强度低的优点 |
| 手动瓷砖切割机 |  | 手动瓷砖切割机不用电、无粉尘、无噪声、低损耗，用于瓷砖的切割 |
| 内外直角检测尺（指针式） |  | 内外直角检测尺是检测物体上内外（阴阳）直角的偏差，及一般平面的垂直度与水平度 |

## 4.5.2 外墙饰面砖工程施工

外墙面砖是用作外墙装饰的板状炻质或瓷质陶瓷材料，坯体质地密实、釉质耐磨，具有耐水、抗冻、防潮、易清洗等优点。既适用于外墙，又可用于内墙，如图 4-32 所示。

图 4-32　外墙饰面砖

**1. 外墙饰面砖工程施工准备**

应具备的作业条件：外架子应提前支搭和安装好，多层楼房要选用双排架子和桥架；预留孔洞、排水管等处理完毕，门窗固定好，并做好保护工作；墙面基层清理干净，脚手眼、窗台、窗套等事先堵好；大面积施工前应先放样、做样板，经检验合格才可组织施工人员正式施工。

**2. 外墙饰面砖工程操作工艺**

外墙面砖的施工工艺流程为：基层处理→抹找平层→选砖、浸砖→预排、分格→镶贴→勾缝→清洗墙面。

（1）基层处理。将凸出墙面的混凝土剔平，对大钢模施工的混凝土墙面应凿毛，并用钢丝刷全面刷一遍，再浇水润湿。光滑的混凝土墙面也可作"毛化处理"，即清扫表面尘土、污垢后用 10%的火碱水洗刷油污、冲净、晾干，然后用 1：1 水泥细砂浆内掺适量TG胶，将砂浆用喷斗喷或用扫帚甩到墙面上，洒点要均匀，终凝后浇水养护，直至水泥砂浆疙瘩全部牢牢地粘到混凝土光面上为止，如图 4-33 所示。

（2）抹找平层。基层抹灰必须充分润湿基体，严禁在干燥的混凝土或砖墙上抹砂浆找平层，因为在干燥的墙面上抹的砂浆会很快被基体吸干水分，形成抹灰层与基体的隔离层，引起抹灰脱壳或出现裂缝。找平层抹灰应分层分遍进行，打底抹灰完成后用木抹子搓平搓毛。

（3）选砖、浸砖。外墙镶贴瓷砖常常是几种不同种类或颜色的瓷砖搭配使用，在镶贴前应按面砖颜色、大小、厚薄进行分类，分别存放，如图 4-34 所示。以便在镶贴施工中分类使用，确保面砖镶贴的施工质量。浸泡砖时将面砖清扫干净，放入净水中浸泡 2h 以上，取出待表面晾干后方可使用。吸水率在 1‰以下的外墙砖可以不浸水，直接使用。

图 4-33　墙面毛化

图 4-34　选砖

（4）预排、分格。按设计要求和施工样板进行排砖。排砖宜使用整砖，并确定接缝宽度、分格，如设计无规定时，接缝宽度可在 1～1.5mm 之间调整。对必须使用非整砖的部位，非整砖宽度不得小于整砖宽度的 1/3。管线、灯具、卫生设备支撑等部位，应用整砖套割吻合，不得用非整砖拼凑镶贴。水平缝应与贴脸、窗台齐平，竖向要求阳角及窗口处都是整砖，分格按整块分均，并根据已确定的缝子大小作分格条和画出皮数杆，如图 4-35 所示。对窗心墙、墙垛等处要事先测好中心线、水平分格线、阴阳角垂直线。

图 4-35　弹线分格

（5）镶贴。面砖用水泥砂浆或瓷砖粘结剂铺贴，铺贴自上而下分层、分段进行，每段内仍自上而下铺贴。先铺贴大片外墙面，然后再贴墙柱、腰线等墙面突出部分。操作程序是先在每块墙的四周按墨线贴出轮廓即冲筋，再根据冲筋横向、竖向拉通线，再依线贴砖，如图 4-36 所示。当一行贴完后须将砖面挤出灰浆刮净。铺贴外墙面应遵循"平上不平下"的原则，保证上口一线齐。如上口不齐，可用灰铲上拨使之靠住上沿分缝条。缝的宽度与垂直度除依靠弹出的线外，还应经常用木靠尺检查和目测控制，并随时在灰浆凝固

**103**

前修整。

图 4-36　镶贴外墙面砖

（6）勾缝。一面墙面贴完经检查合格后，即可对疏缝作勾缝处理。勾缝用 1∶1 水泥细砂浆或专用面砖勾缝剂。勾缝应分两次嵌入，先水平缝再垂直缝，如图 4-37 所示。待勾缝剂达到一定干硬度时用勾缝溜子压实、拉光。

图 4-37　勾缝

（7）清洗墙面。勾缝剂勾缝完成达到一定强度后，用海绵粘上稀草酸清洗粘在面砖上的水泥浆及残留物，然后用清水冲洗干净即可（夏季酸洗时忌遭阳光曝晒，应有遮盖措施）。

### 4.5.3　内墙饰面砖工程施工

内墙饰面砖指在内墙墙面上使用的饰面砖。根据材质分为瓷质、陶质和炻质，主要用于建筑物室内厨房、卫生间的台面、内墙饰面等，又称瓷片、瓷砖、釉面砖等。

**1. 内墙饰面砖施工准备**

（1）内墙饰面砖材料准备。内墙饰面砖的品种、规格、颜色、产品等级应符合设计要求，并有产品合格证；对掉角、开裂、翘曲以及被污染的产品剔除不用；水泥、砂、水等辅助材料准备好。

（2）内墙饰面砖施工条件准备。镶贴前室内应完成墙、顶抹灰工作；门窗框已安装完成；水电管线已安装完毕，厕浴间的肥皂洞、手纸洞已预留剔出，各种器具已放好位置线或已安装就位；有防水层的房间、平台、阳台等，已做好防水层，并打好垫层；室内墙面已弹好标准水平线；大面积施工前应先放大样，并做出样板墙，样板墙完成后必须经质检部门鉴定合格后，还要经过建设、监理、设计和施工单位共同认定，方可组织操作人员按照样板墙要求施工；确定施工工艺及操作要点，并向施工人员做好交底工作。

（3）内墙饰面砖构造做法，如图 4-38 所示。

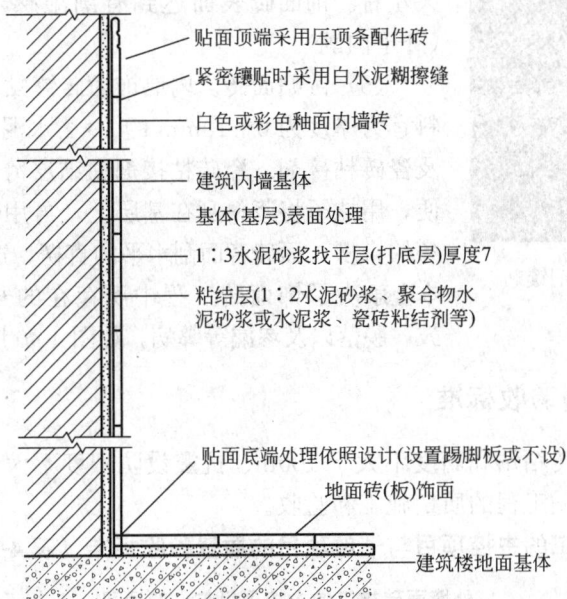

贴面顶端采用压顶条配件砖
紧密镶贴时采用白水泥糊擦缝
白色或彩色釉面内墙砖
建筑内墙基体
基体(基层)表面处理
1∶3水泥砂浆找平层(打底层)厚度7
粘结层(1∶2水泥砂浆、聚合物水泥砂浆或水泥浆、瓷砖粘结剂等)
贴面底端处理依照设计(设置踢脚板或不设)
地面砖(板)饰面
建筑楼地面基体

图 4-38　内墙饰面砖基本构造

**2. 内墙饰面砖操作工艺**

内墙饰面砖施工工艺流程为：基层处理→抹找平砂浆、弹线分格→选砖、排砖→浸砖→镶贴面砖→勾缝与擦缝。

（1）基层处理。基体应有足够的稳定性和刚度，光滑的基体表面应作凿毛处理，凹凸明显部位应剔平或用 1∶3 水泥砂浆补平。其他处理与抹灰基层处理相同。

（2）抹找平砂浆、弹线分格。饰面砖镶贴在砖墙、混凝土墙体和加气混凝土内墙上，其找平层砂浆的涂抹方法与装饰抹灰的底、中层砂浆施工方法相同。10mm 厚 1∶3 水泥砂浆打底，分层分遍抹砂浆，随抹随刮平抹实，用木抹搓毛。待底层灰六七成干时，按图纸要求、釉面砖规格及结合实际条件进行排砖、弹线。

（3）选砖、排砖。选砖可采取自动的套板，根据内墙饰面砖的标准长宽尺寸，做一个 U 形木框，按大、中、小分类堆放。同一类尺寸应用于同一房间或一面墙上，以做到接缝均匀一致。根据大样图及墙面尺寸进行横竖向排砖，同一墙面均不得有小于 1/4 砖的非整砖，不得有一行以上的非整砖，非整砖应排在最不醒目的部位或阴角处。设计无具体规定时，内墙饰面砖接缝宽度可在 1～1.5mm 之间调整。在管线、灯具、卫生设备等部位，应用整砖套割吻合，不得用非整砖拼凑镶贴，如图 4-39 所示。

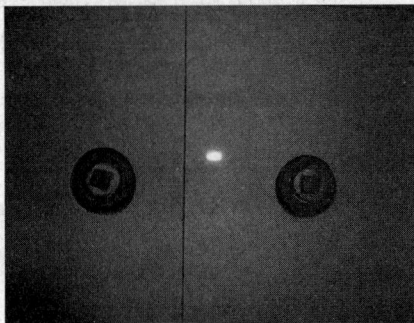

图 4-39　瓷砖套割

图 4-40 瓷砖胶粘剂镶贴

（4）浸砖。内墙饰面砖镶贴前要先清扫干净后置于清水中浸泡。浸泡到不冒气泡为止，约不少于 2h，然后取出阴干备用。阴干的时间视气候和环境温度而定，一般为半天左右。饰面砖表面达到有潮湿感，但手按无水迹为准（外干内潮）。

（5）镶贴面砖。内墙饰面砖镶贴固定所采用的粘结材料宜为厚度为 6～10mm 的 1∶2 水泥砂浆、聚合物水泥浆及瓷砖粘接剂。瓷砖粘接剂粘结层薄、粘贴牢固、施工简便，用抹子将浆料刮在基层上，再用锯齿拉出垂直的一条条的直楞，面砖背面刮水平的直楞，这样从根本上解决了饰面砖工程中所存在的开裂、空鼓、脱落以及渗漏等弊病，如图 4-40 所示。

贴砖工艺

### 4.5.4 饰面砖质量验收标准

适用于内墙饰面砖粘贴和高度不大于 100m、抗震设防烈度不大于 8 度、采用满粘法施工的外墙饰面砖粘贴工程的质量施工和验收。

**1. 外墙饰面砖施工的主控项目与一般项目的质量验收标准（表 4-29）**

外墙面砖施工的主控项目与一般项目　　　　　　表 4-29

| | 内容 | 检测方法 |
|---|---|---|
| 主控项目 | 外墙饰面砖的品种、规格、图案、颜色和性能应符合设计要求及国家现行标准的有关规定 | 观察；检查产品合格证书、进场验收记录、性能检验报告和复验报告 |
| | 外墙饰面砖粘贴工程的找平、防水、粘结、填缝材料及施工方法应符合设计要求和现行行业标准的规定 | 检查产品合格证书、复验报告和隐蔽工程验收记录 |
| | 外墙饰面砖粘贴工程的伸缩缝设置应符合设计要求 | 观察；尺量检查 |
| | 外墙饰面砖粘贴应牢固 | 检查外墙饰面砖粘结强度检验报告和施工记录 |
| | 外墙饰面砖工程应无空鼓、裂缝 | 观察；用小锤轻击检查 |
| 一般项目 | 外墙饰面砖表面应平整、洁净、色泽一致，应无裂痕和缺损 | 观察 |
| | 饰面砖外墙阴阳角构造应符合设计要求 | 观察 |
| | 墙面凸出物周围的外墙饰面砖应整砖套割吻合，边缘应整齐，墙裙、贴脸突出墙面的厚度应一致 | 观察；尺量检查 |
| | 外墙饰面砖接缝应平直、光滑，填嵌应连续、密实；宽度和深度应符合设计要求 | 观察；尺量检查 |
| | 有排水要求的部位应做滴水线（槽），滴水线（槽）应顺直，流水坡向应正确，坡度应符合设计要求 | 观察；用水平尺检查 |

**2. 内墙饰面砖施工的主控项目与一般项目的质量验收标准（表 4-30）**

内墙面砖施工的主控项目与一般项目　　　　　　　　表 4-30

| | 内容 | 检测方法 |
|---|---|---|
| 主控项目 | 内墙饰面砖的品种、规格、图案、颜色和性能应符合设计要求及国家现行标准的有关规定 | 观察；检查产品合格证书、进场验收记录、性能检验报告和复验报告 |
| | 内墙饰面砖粘贴工程的找平、防水、粘结、填缝材料及施工方法应符合设计要求和现行行业标准的规定 | 检查产品合格证书、复验报告和隐蔽工程验收记录 |
| | 内墙饰面砖粘贴应牢固 | 手拍检查，检查施工记录 |
| | 满粘法施工的内墙饰面砖应无裂缝，大面和阳角无空鼓 | 观察；用小锤轻击检查 |
| 一般项目 | 内墙饰面砖表面应平整、洁净、色泽一致，应无裂痕和缺损 | 观察 |
| | 内墙面凸出物周围的外墙饰面砖应整砖套割吻合，边缘应整齐，墙裙、贴脸突出墙面的厚度应一致 | 观察；尺量检查 |
| | 内墙饰面砖接缝应平直、光滑，填嵌应连续、密实；宽度和深度应符合设计要求 | 观察；尺量检查 |

**3. 饰面砖工程质量验收标准的允许偏差和检验方法（表 4-31）**

饰面砖粘贴的允许偏差和检验方法　　　　　　　　表 4-31

| 项目 | 允许偏差（mm） | | 检验方法 |
|---|---|---|---|
| | 外墙面砖 | 内墙面砖 | |
| 立面垂直度 | 3 | 2 | 用 2m 垂直检测尺检查 |
| 表面平整度 | 4 | 3 | 用 2m 靠尺和塞尺检查 |
| 阴阳角方正 | 3 | 3 | 用直角检测尺检查 |
| 接缝直线度 | 3 | 2 | 拉 5m 线，不足 5m 拉通线，用钢直尺检查 |
| 接缝高低差 | 1 | 1 | 用钢直尺和塞尺检查 |
| 接缝宽度 | 1 | 1 | 用钢直尺检查 |

# 4.6　饰面板工程

## 4.6.1　饰面板工程的基本知识

饰面板工程就是指用龙骨或大芯板（细木工板）做完骨架后，表面使用石板、陶瓷板、木板、金属板或塑料板等装饰的墙面工程，常用的饰面板材料如表 4-32 所示。

饰面板材料列表　　　　　　　　表 4-32

| 种类 | 图片 | 简介 |
|---|---|---|
| 石板饰面板 | | 结构致密、质地坚硬、耐酸碱、耐气候性好，可以在室外长期使用。饰面板工程采用的石板有花岗石、大理石、板石和人造石材 |

| 种类 | 图片 | 简介 |
|------|------|------|
| 陶瓷板饰面板 | | 是一种由陶土、矿石等多种无机非金属材料,经成型、1200℃高温煅烧等生产工艺制成的板状陶瓷制品。陶瓷板具有硬度大、性能稳定、安全牢固、环保健康、装饰性强等特性 |
| 木板饰面板 | | 将实木板精密刨切成厚度 0.2mm 左右的微薄木皮,以夹板为基材,经过胶粘制作而成的具有单面装饰作用的装饰板材 |
| 金属板饰面板 | | 是一种表面是金属材质或者整体为金属材质的饰面装饰板材,由于是饰面板,厚度一般很薄,一般在 0.4~1.5mm 之间,常见的金属饰面板多为铝板或者不锈钢板两种 |
| 塑料板饰面板 | | 主要包括塑料贴面装饰板、覆塑装饰板、有机玻璃板材等。在制造过程中可以仿制各种人造材料和天然材料的花纹图案,如桃花心木、花梨木、水曲柳、大理石、孔雀石、桔皮、皮革、纤维织物等纹理或设计其他不同图案 |

下面我们以石板饰面板工程的干挂施工工艺为例进行学习。

## 4.6.2 石板饰面板工程施工

石板饰面板除较小规格的石板采用湿贴的工艺外,一般都采用石材干挂法。干挂又名空挂法,是当代饰面饰材装修中一种新型的施工工艺。其原理是在主体结构上设主要受力点,通过金属挂件将石材固定在建筑物上,形成石材装饰幕墙。该工艺是利用耐腐蚀的螺栓或柔性连接件,将大理石、花岗石等饰面石材直接空挂在建筑结构外表面的钢架之上,石材与结构之间留出 40~50mm 的空腔,不需再灌浆粘贴,如图 4-41、图 4-42 所示。

石材干挂工艺在一定程度上改善了施工人员的劳动条件,减轻了劳动强度,也有助于加快工程进度,还有效避免传统湿贴工艺出现的板材空鼓、开裂、脱落、板面泛白、变色等现象,提高了建筑物的安全性和耐久性。

**1. 石板饰面板工程材料准备**

石板饰面板工程材料清单见表 4-33。

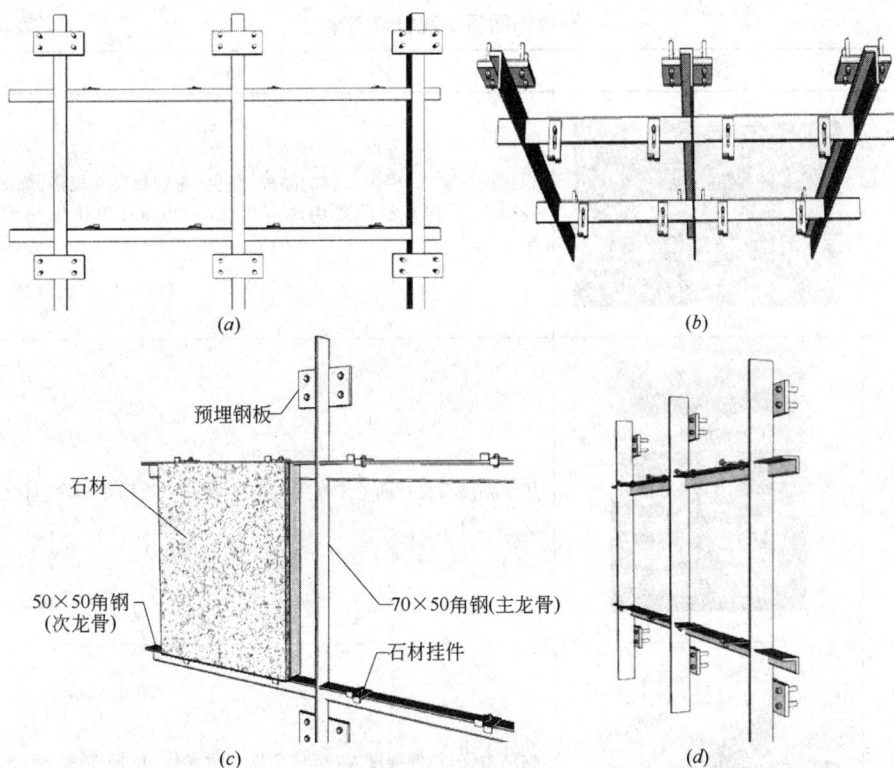

图 4-41　石材干挂

（a）背面图；（b）俯视图；（c）正面图；（d）侧视图

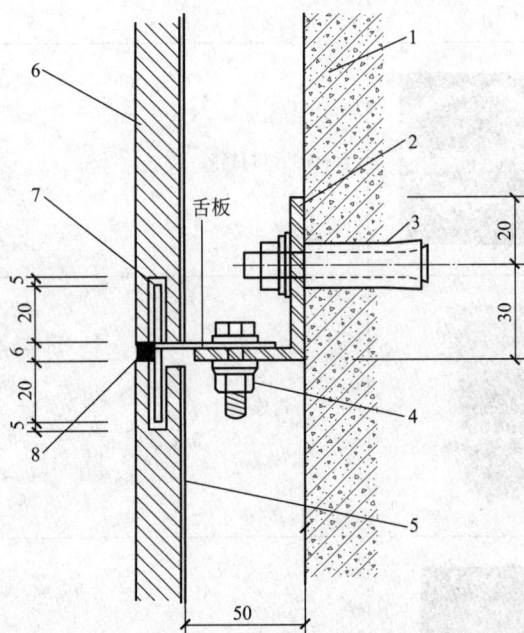

图 4-42　石材干挂构造节点

1—钢筋混凝土结构基体；2—L50×40×4 不锈钢连接件；3—金属胀铆螺栓；4—M8 调节螺栓；
5—玻璃纤维网格布增强层；6—饰面板；7—不锈钢板销连接件；8—耐候密封胶

石板饰面板工程材料清单　　　　　　　　　　表 4-33

| 名称 | 图片 | 特点和用途 |
|---|---|---|
| 石材 | | 根据设计要求,确定石材的品种、颜色、花纹和尺寸规格,饰面板多用花岗石,干挂石材的常用厚度为 25～30mm,单块板面积不宜大于 1.5m² |
| 合成树脂胶粘剂 | | 用于粘贴石材背面的柔性背衬材料,要求具有防水和耐老化性能 |
| 中性硅酮结构密封胶 | | 粘结力强,拉伸强度大,同时又具有耐候性、抗振性、防潮、抗臭气和适应冷热变化大的特点,能实现石材和不锈钢扣件之间的粘合 |
| 玻璃纤维网格布 | | 石材的背衬材料 |
| 防水胶泥 | | 用于密封连接件 |
| 防污胶条 | | 用于石材边缘防止污染 |

续表

| 名称 | 图片 | 特点和用途 |
|------|------|-----------|
| 嵌缝膏 |  | 用于嵌填石材接缝 |
| 角钢 |  | 干挂石材的基层骨架,固定于墙面上 |
| 膨胀螺栓 |  | 打到混凝土墙面的孔中后,通过拧紧膨胀螺栓上的螺母,在膨胀管不动的情况下,膨胀管被螺栓的沉头涨开,直至涨满整个孔,达到固定的效果,用来连接角钢和墙面 |
| 干挂件 |  | 连接石材面板和角钢骨架的连接件 |

**2.石板饰面板工程机具准备**

在石板饰面板工程中使用到的主要机具有：冲击钻、手电钻、无齿锯、专用手推车、长卷尺、盒尺、锤子、各种形状钢凿子、靠尺、水平尺、方尺、多用刀、剪子、铁丝、粉线包、墨斗、小白线、笤帚、铁锹、开刀、灰槽、灰桶、手套等,主要设备见表4-34。在施工过程中,一定要按照使用操作规范要求,安全第一。

石板饰面板机具主要设备　　　　　　　　　　　　表4-34

| 名称 | 图片 | 用途 |
|------|------|------|
| 冲击钻 |  | 主要适用于对石料上进行冲击打孔 |

| 名称 | 图片 | 用途 |
|---|---|---|
| 开口扳手 |  | 紧固或拆卸六角头螺栓或螺母和方头螺栓或螺母 |
| 嵌缝枪 |  | 将简装的液态密封材料置于半圆形枪身后,用手扣动板掣,驱动活塞挤压胶液流出,注入密封部位 |
| 手电钻 |  | 利用电做动力的钻孔机具,根据需要打孔的大小选择合适的钻头规格 |

**3. 石板饰面板工程施工工艺**

基层处理与安装钢骨架→干挂件安装→石材加工→安装石材→密封胶灌缝、清理饰面。

**4. 石板饰面板工程操作要点**

(1) 基层处理与安装钢骨架。清理基层表面,同时进行吊直、套方、找规矩,弹出垂直线、水平线。根据施工图纸弹出石材安装位置线,在墙上布置钢骨架,将钢型材龙骨焊接在预埋件上,宜先焊接竖向龙骨,后焊接水平龙骨,如图 4-43 所示。

(2) 干挂件安装。不锈钢干挂件有多种形式,常用的插销式装配示意图见图 4-44。挂件连接应牢固可靠,位置要调节适当,保证面板连接固定位置紧固可靠。

图 4-43　石材干挂骨架

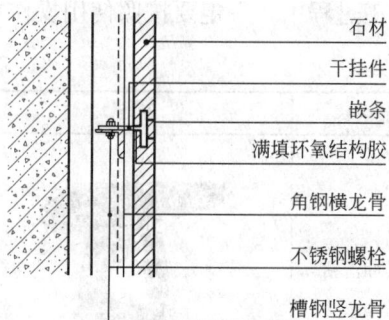

石材
干挂件
嵌条
满填环氧结构胶
角钢横龙骨
不锈钢螺栓
槽钢竖龙骨

图 4-44　干挂件安装

（3）石材加工。石材钻孔或开槽，背面刷胶、贴柔性增强材料。根据设计尺寸和图纸要求，进行石材打孔开槽，如图 4-45 所示。然后在石材背面刷不饱和树脂胶，主要采用一布二胶的做法粘贴复合玻璃纤维网格布做补强层，提高板块力学性能及延长板材的使用寿命。石板在刷头遍胶前，先把编号写在石板上，并将石板上的浮灰及杂污清除干净，如图 4-46 所示。

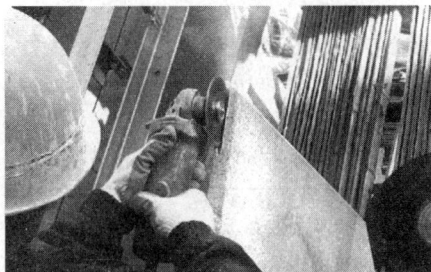

图 4-45 石材开槽

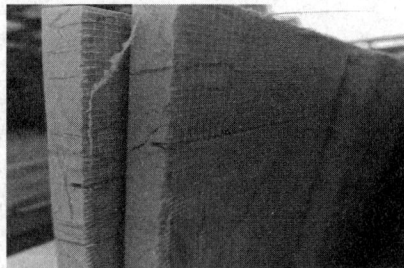

图 4-46 贴背网

（4）安装石材。干挂件安好后，即可进行底层面板安装。方法是用夹具将石材临时固定，将石材上孔或剔槽内灌入环氧结构密封胶，调整石板固定。待底层面板全部就位后，整体调平，用木楔临时固定，胶粘剂灌入墙板上钻孔或剔槽内，调整垂直水平度，拧紧调节螺栓。按此方法自下而上逐排安装，如图 4-47 所示。

图 4-47 饰面板干挂件连接

（5）密封胶灌缝、清理饰面。在石材间缝隙处嵌弹性泡沫填充（棒）条，在填充（棒）条外的板缝内打入耐候密封胶，在石材表面用棉丝擦拭干净。

## 4.6.3 饰面板工程质量验收标准

### 1. 石板饰面板安装工程质量验收标准（表 4-35）

石板饰面板安装工程的质量验收标准　　　　　　　　表 4-35

| | 内容 | 检测方法 |
|---|---|---|
| 主控项目 | 石板的品种、规格、颜色和性能应符合设计要求及国家现行标准的有关规定 | 观察；检查产品合格证书、进场验收记录、性能检验报告和复验报告 |

| | 内容 | 检测方法 |
|---|---|---|
| 主控项目 | 石板孔、槽的数量、位置和尺寸应符合设计要求 | 检查进场验收记录和施工记录 |
| | 石板安装工程的预埋件（或后置埋件）、连接件的材质、数量、规格、位置、连接方法和防腐处理应符合设计要求，后置埋件的现场拉拔力应符合设计要求，石板安装应牢固 | 手扳检查；检查进场验收记录、现场拉拔检验报告、隐蔽工程验收记录和施工记录 |
| | 用满粘法施工的石板工程，石板与基层之间的粘结料应饱满、无空鼓，石板粘结应牢固 | 用小锤轻击检查；检查施工记录；检查外墙石板粘结强度检验报告 |
| 一般项目 | 石板表面应平整、洁净、色泽一致，应无裂痕和缺损，石板表面应无泛碱等污染 | 观察 |
| | 石板填缝应密实、平直，宽度和深度应符合设计要求，填缝材料色泽应一致 | 观察；尺量检查 |
| | 采用湿作业法施工的石板安装工程，石板应进行防碱封闭处理，石板与基体之间的灌注材料应饱满、密实 | 用小锤轻击检查；检查施工记录 |
| | 石板上的孔洞应套割吻合，边缘应整齐 | 观察 |

**2. 饰面板工程安装的允许偏差和检验方法（表 4-36）**

饰面板安装的允许偏差和检验方法　　　　　　　　　　　表 4-36

| 项目 | 允许偏差（mm） | | | | | | | 检验方法 |
|---|---|---|---|---|---|---|---|---|
| | 石材 | | | 瓷板 | 木材 | 塑料 | 金属 | |
| | 光面 | 剁斧石 | 蘑菇石 | | | | | |
| 立面垂直度 | 2 | 3 | 3 | 2 | 2 | 2 | 2 | 用 2m 垂直检测尺检查 |
| 表面平整度 | 2 | 3 | — | 2 | 1 | 3 | 3 | 用 2m 靠尺和塞尺检查 |
| 阴阳角方正 | 2 | 4 | 4 | 2 | 2 | 3 | 3 | 用直角检测尺检查 |
| 接缝直线度 | 2 | 4 | 4 | 2 | 2 | 2 | 2 | 拉 5m 线，不足 5m 拉通线，用钢直尺检查 |
| 墙裙、勒脚上口直线度 | 2 | 3 | 3 | 2 | 2 | 2 | 2 | 拉 5m 线，不足 5m 拉通线，用钢直尺检查 |
| 接缝高低差 | 1 | 3 | — | 1 | 1 | 1 | 1 | 用钢直尺和塞尺检查 |
| 接缝宽度 | 1 | 2 | 2 | 1 | 1 | 1 | 1 | 用钢直尺检查 |

**【单元总结】**

　　无论是内墙还是外墙、室内柱还是室外柱体，墙面工程都具有保护基体，保证墙、柱体的使用功能和装饰立面的功能。墙面装饰材料种类很多，常用的材料有天然石材（花岗石、大理石等），人造石材，陶瓷制品（瓷砖、釉面砖、陶瓷锦砖等），水泥石渣预制板（如水刷石、斩假石、水磨石饰面板等）。墙面装饰工程根据所用材料不同采用不同的施工方法，如钉

知识拓展：玻璃幕墙

知识拓展：墙面贴文化石施工

固法、粘结法、镶贴法、嵌装法、涂饰法等等。在家装或者工装中，根据工程项目的实际情况灵活选用墙面的装饰施工工艺。

## 【技能训练】裱糊工程实训

按照如图 4-48 所示工位平面和立面图完成墙面裱糊壁纸的实训任务，具体要求如下：

1. 施工内容包括内墙面壁纸的裱糊及踢脚线的安装；

2. 裱糊区域见图纸要求；

3. 壁纸裱糊高度为 2m；

4. 踢脚线安装时要考虑铺装复合地板的预留高度，但是台阶部位（包括顶面、侧面）不需要预留间隙；

5. 质量要求按照《建筑装饰装修工程质量验收标准》GB 50210—2018 中的有关规定执行。

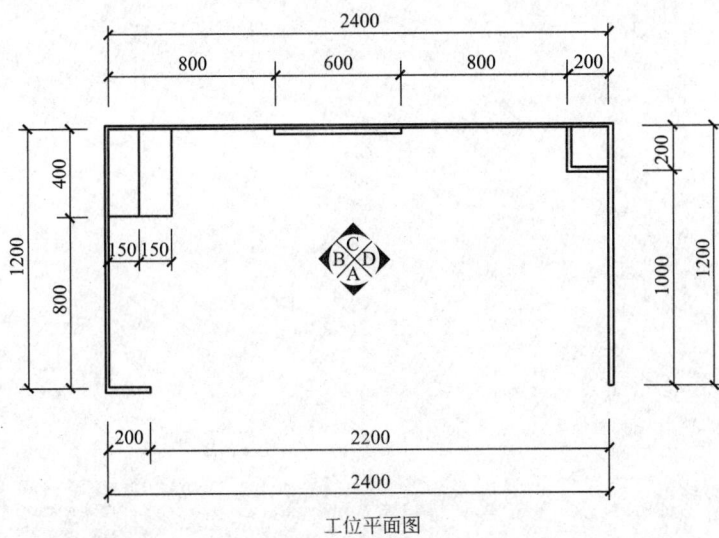

工位平面图

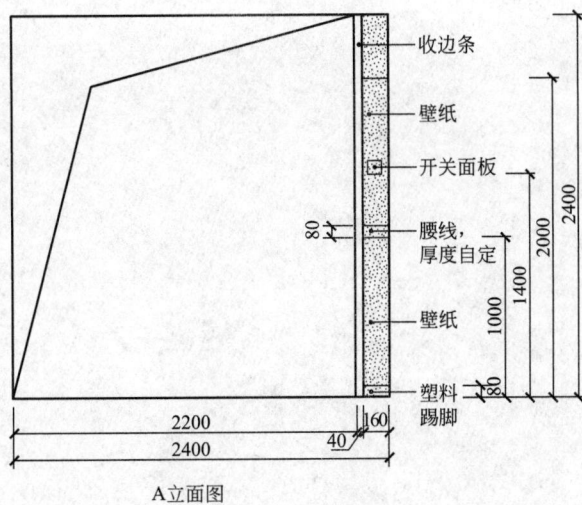

A立面图

图 4-48　施工图纸

【思考及练习】

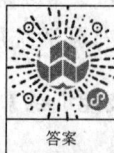
答案

（1）釉面砖主要用于哪里？

（2）内墙饰面砖墙面施工须注意哪些问题？

（3）内墙饰面砖墙面施工工艺有哪些操作要点？

（4）石材干挂法又名什么？简述其工艺。

（5）什么是石材干挂工艺？石材干挂工艺的优点是什么？

（6）石材干挂的施工工艺流程有哪些步骤？

# 教学单元 5　楼地面饰面工程

【学习目标】

1. 知识目标
- 理解楼地面饰面工程;
- 掌握水泥地面、块材地面、木地板、地毯楼地面饰面的施工方法;
- 熟悉楼地面饰面工程相关的验收标准及质量要求。
2. 能力目标
- 能够在施工操作中认识和正确使用相关的施工机具;
- 能理解和识读楼地面饰面施工设计图;
- 熟悉常用楼地面饰面的构造图。

【思维导图】

```
                                                                    ┌── 定义
          基本知识 ─┐                            ┌── 认识楼地面工程 ─┼── 构造
                    │                            │                   └── 分类
          施工准备 ─┤                            │
                    ├── 块材地面工程 ─┐          │
          施工工艺 ─┤                  │          │
                    │                  │          │
          质量验收 ─┘                  ├── 楼地面工程 ─┤
                                       │          │
                                       │          │                   ┌── 基本知识
          基本知识 ─┐                  │          │                   │
                    │                  │          └── 水泥地面工程 ─┼── 施工准备
          施工准备 ─┤                  │                              │
                    ├── 木地板地面工程 ┘                              ├── 施工工艺
          施工工艺 ─┤                                                 │
                    │                                                 └── 质量验收
          质量验收 ─┘
```

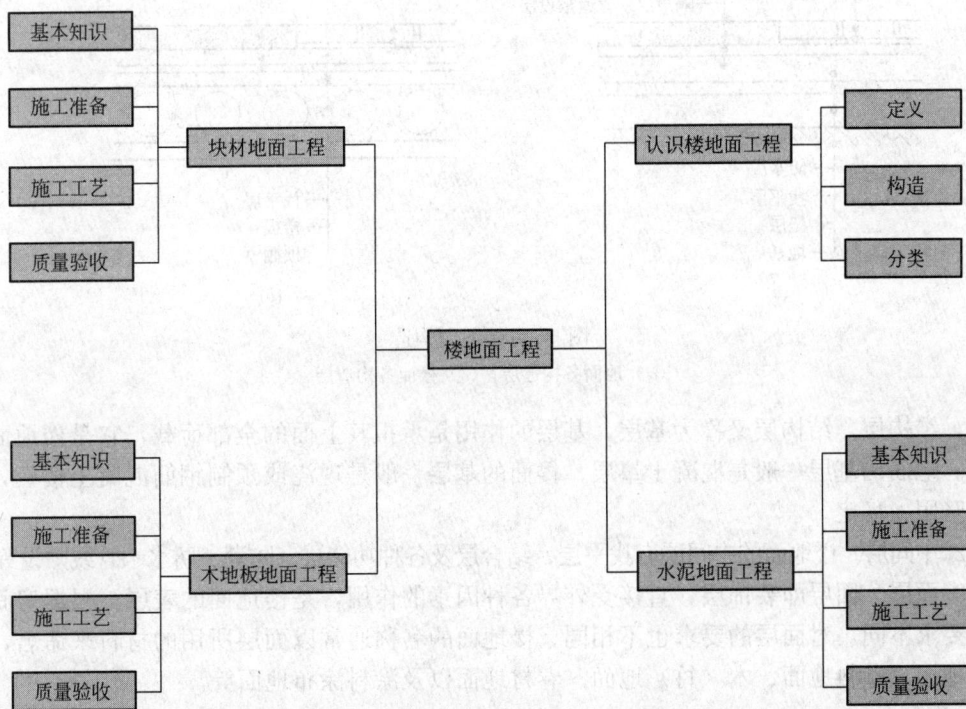

　　楼地面是房屋建筑底层地坪与楼层地坪的总称,一般由于楼面与地面的构造基本相同,所以常把楼面层也称为地面。在建筑中主要有分隔空间、保护结构、美化室内环境、满足使用要求等作用,因此要满足以下要求:

1.坚固、耐久性的要求。楼地面面层的坚固、耐久性由室内使用状况和材料特性来决定。楼地面面层应当不易被磨损、破坏、表面平整、不起尘，其耐久性国际通用标准一般为10年。

2.安全性的要求。安全性是指楼地面面层使用时要防滑、防火、防潮、耐腐蚀、电绝缘性好等。

3.舒适感要求。舒适感是指楼地面面层应具备一定的弹性、蓄热系数及隔声性。

4.装饰性要求。装饰性是指楼地面面层的色彩、图案、质感效果必须考虑室内空间的形态、家具陈设、交通流线及建筑的使用性质等因素，以满足人们的审美要求。

# 5.1 认识楼地面工程

楼地面装饰包括楼面装饰和地面装饰两部分，两者的主要区别是其饰面承托层不同。楼面装饰面层的承托层是架空的楼面结构层，地面装饰面层的承托层是室内回填土。

## 5.1.1 楼地面构造层次

楼面、地面的组成分为结构层、中间层、面层三部分，楼面饰面要注意防渗漏问题，地面饰面要注意防潮问题。楼面和地面的构造层如图5-1所示。

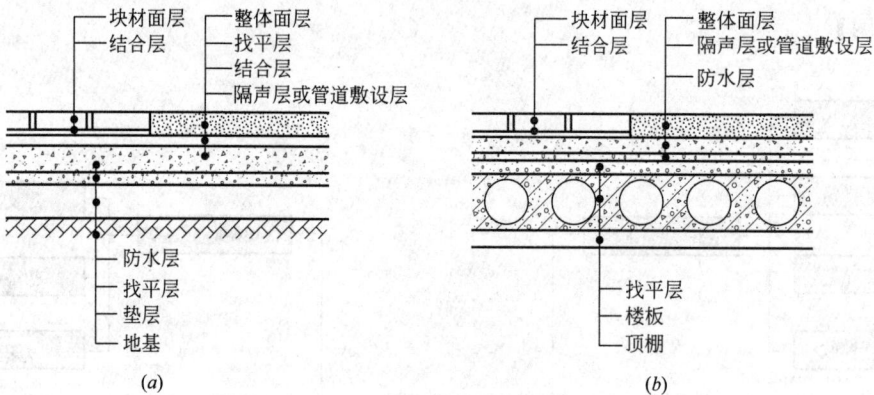

图5-1 楼地面构造

(a) 地面各构造层；(b) 楼面各构造层

1.结构层。结构层又称为基层，基层的作用是承担其上面的全部荷载，它是楼地面的基体。地面的基层一般是混凝土垫层，楼面的基层一般是现浇或预制钢筋混凝土楼板，基层应坚固、稳定。

2.中间层。楼地面的中间层有找平层、结合层及各种功能层（防潮、防水、管线敷设等）。

3.面层。面层即装饰层，直接受外界各种因素的作用，是楼地面的表层。根据房间的使用要求不同，对面层的要求也不相同。楼地面的名称通常以面层所用的材料来命名，如水泥地面、塑料地面、木（竹）地面、卷材地面以及涂料涂布地面等。

## 5.1.2 楼地面分类

楼地面按照面层材料和构造形式不同可分为整体面层楼地面、板块面层楼地面、木竹面层楼地面等，见表5-1。

楼地面分类                                                                                                    表 5-1

| 分类 | | 图片 | 介绍 |
|---|---|---|---|
| 整体面层楼地面 | 水泥地面 | | 直接在现浇混凝土垫层的水泥砂浆找平层上施工的一种传统整体地面。水泥砂浆楼地面属低档地面,造价低、施工方便,但不耐磨,易起砂、起灰 |
| | 水磨石楼地面 | | 指在水泥砂浆找平层上面铺水泥白石子,面层达到一定强度后加水用磨石机磨光、打蜡而成。也可以用白水泥替代普通水泥,并掺入颜料,形成美术水磨石地面,但造价较高 |
| 板块面层楼地面 | 陶瓷地砖地面 | | 指用陶瓷块材为主要材料铺贴的地面,用建筑砂浆或胶粘剂粘结的地面 |
| | 石材地面 | | 指用大理石、花岗岩等石材为主要材料铺贴的地面,石材根据表面处理不同有抛光、亚光、粗磨、机切、酸洗等 |
| | 地毯地面 | | 地毯具有质地柔软、脚感舒适、使用安全、美化室内环境的特点。地毯地面弹性好、耐脏、不怕踩、不褪色、不变形 |
| 木竹面层楼地面 | 实木地板 | | 实木地板是天然木材经烘干、加工后形成的地面装饰材料。它呈现出的天然原木纹理和色彩图案,给人以自然、柔和、富有亲和力的质感,同时由于冬暖夏凉、触感好的特性使其成为卧室、客厅、书房等地面装饰的理想材料 |
| | 复合木地板 | | 复合木地板被人为改变地板材料的天然结构,使某项物理性能符合预期要求的地板。复合木地板在市场上经常泛指强化复合木地板、实木复合地板 |
| | 竹地板 | | 竹地板的突出优点是冬暖夏凉。竹子因为导热系数低,特别适合于铺装在客厅、卧室、健身房、书房、演播厅、酒店宾馆等地面或作为墙壁装饰。色差较小是竹材地板的一大特点 |

下面我们分别选取整体面层楼地面的水泥地面,板块面层楼地面的陶瓷地砖地面、石材地面、地毯地面,木竹面层楼地面的实木地面和复合木地板地面来进行详细讲解。

# 5.2 水泥地面工程

## 5.2.1 水泥地面基本知识

水泥地面面层是以水泥作胶凝材料、砂作骨料,按配合比配制抹压而成的,其构造及做法如图 5-2 所示。水泥地面的优点是造价较低、施工简便、使用耐久,但容易出现起灰、起砂、裂缝、空鼓等质量问题。

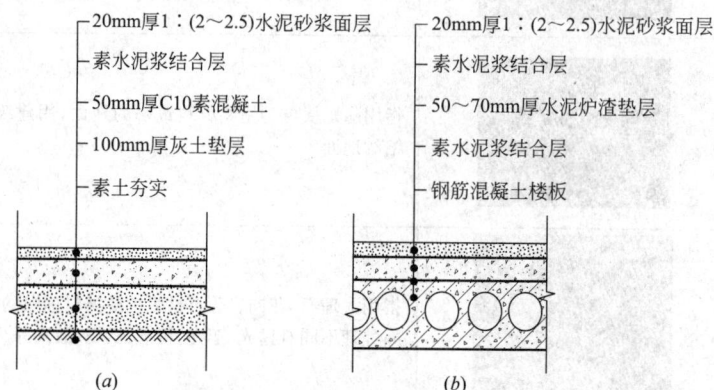

图 5-2 水泥地面构造、楼面构造
(a) 水泥砂浆地面;(b) 水泥砂浆楼面

## 5.2.2 水泥地面施工准备

### 1. 水泥地面材料准备

水泥地面材料准备见表 5-2,水要采用饮用水。

水泥地面材料准备 表 5-2

| 材料 | 图片 | 要求 |
|---|---|---|
| 水泥 | | 优先选择硅酸盐水泥、普通硅酸盐水泥,其强度等级一般不得低于 42.5。如果采用矿渣硅酸盐水泥,其强度等级应大于 32.5。不同品种、不同强度等级的水泥严禁混用。水泥应有出厂合格证和复验报告,结块或受潮的水泥不得使用 |
| 骨料 | | 采用中砂或粗砂,含泥量不大于 3%。因为细砂的级配不好,拌制的砂浆强度比中砂、粗砂拌制的强度约低 25%~35%,不仅其耐磨性较差,而且干缩性较大,容易产生收缩裂缝等质量问题 |

**2. 水泥地面施工机具**

水泥地面施工机具见表 5-3，除此之外还应配有平铁锹、木刮尺、刮杠、喷壶、小水桶、扫帚、毛刷、筛子、手推车等。

水泥地面施工机具　　　　　　　　　　　　　　　　　　　　表 5-3

| 机具 | 图片 | 用途 |
| --- | --- | --- |
| 砂浆搅拌机 | | 用来搅拌制作水泥砂浆 |
| 铁抹子 | | 用于水泥砂浆的涂抹与压光 |
| 木抹子 | | 用于水泥砂浆的抹平与拉毛 |
| 钢丝刷 | | 用于处理基层 |

## 5.2.3　水泥地面施工工艺

水泥砂浆地面是以水泥作胶凝材料，以砂作骨料，加水按一定比例配合，经拌制铺设而成，是房屋建筑中一种基本的地面做法，常用于其他装饰层的基层。

**1. 水泥地面工艺流程**

水泥地面的施工是现场湿作业，其施工工艺流程为：基层处理→弹线→找规矩→配置水泥砂浆→水泥砂浆抹面→养护。

**2. 水泥砂浆地面施工操作要点**

（1）基层处理。基层处理是防止水泥砂浆面层产生空鼓、裂纹、起砂等质量通病的关键工序。将基层表面的积灰、浮浆、油污及杂物清扫干净，明显凹陷处应用水泥砂浆或细石混凝土填平。表面比较光滑的基层应进行凿毛，并用清水冲洗干净。在现浇混凝土或水泥砂浆垫层、找平层上做水泥地面时，其抗压强度要达到 1.2MPa 以上才能铺设面层，这样不致破坏其内部结构。清理基层如图 5-3 所示。

图 5-3　清理基层

（2）弹线。地面抹灰前根据墙面上已有的＋500mm 或＋1000mm 水平基准线测量出地面面层的水平线，弹在四周墙上，作为确定水泥砂浆面层标高的依据，要注意按设计要求的水泥砂浆面层厚度弹线，如图 5-4 所示。

（3）找规矩。根据水平辅助基准线，从墙角处开始沿墙每隔 1500～2000mm 用 1∶2 水泥砂浆抹灰饼，灰饼大小一般是 50～100mm 见方。待灰饼结硬后，再以灰饼的高度做出纵横方向通长的标筋以控制面层的标高，如图 5-5 所示。

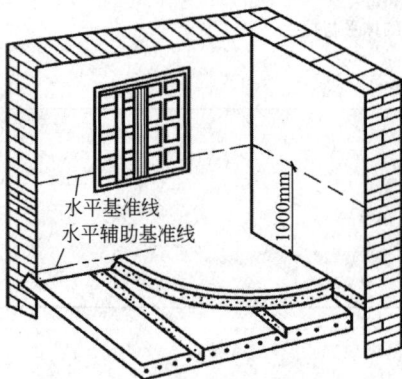

图 5-4　弹线

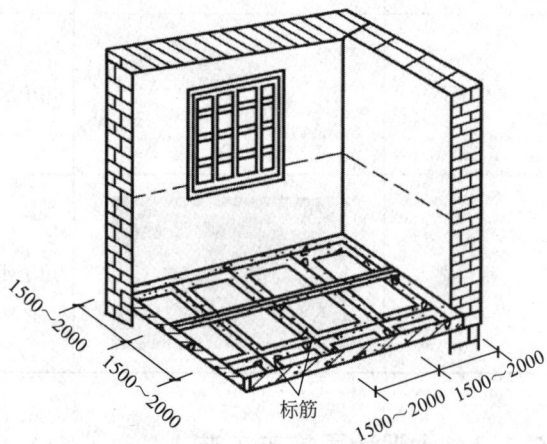

图 5-5　找规矩

（4）配置水泥砂浆。水泥砂浆中水泥和砂的配合比一般为 1∶3.5，强度等级不应小于 M15，稠度不大于 35mm。水泥砂浆宜使用机械搅拌，搅拌时间不应少于 2min，要求拌合均匀，颜色一致。

（5）水泥砂浆抹面

1）铺砂浆前先在基层上均匀扫素水泥浆（水灰比 0.4～0.5）一遍，随扫随铺砂浆，注意水泥砂浆的虚铺厚度宜高出标筋 3～4mm。

2）找平、第一遍压光。铺砂浆后，随即用刮杠按标筋高度刮平。初凝前用木抹子抹平，如图 5-6（a）所示。待砂浆收水初凝后，立即用铁抹子压第一遍，直到出浆为止，如图 5-6（b）所示。

3）第二遍压光。人踩上去有脚印但不下陷时，用铁抹子压第二遍，边抹压边把坑凹

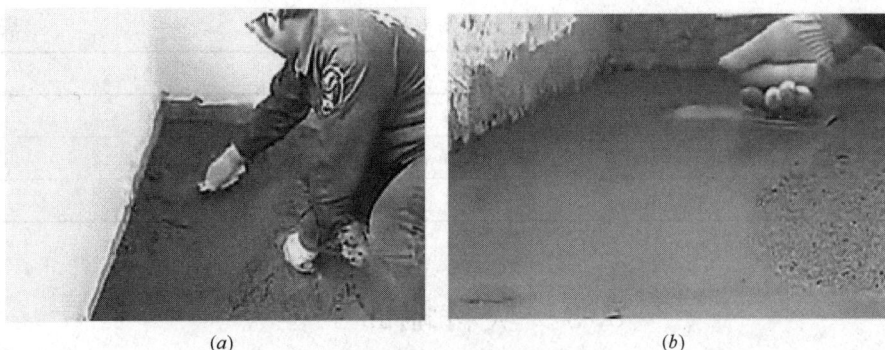

图 5-6　木抹子抹平
(a) 木抹子抹平；(b) 铁抹子压光

处填平，要求不漏压，表面压平、压光。

4）第三遍压光。在水泥砂浆终凝前进行第三遍压光，用铁抹子把第二遍抹压时留下的全部抹纹压平、压实、压光，达到交活程度为止。

（6）养护。面层抹压完毕后，在常温下铺盖草垫或锯木屑进行洒水养护，使其在湿润的状态下进行硬化。养护洒水要适时，如果洒水过早容易起皮，过晚则易产生裂纹或起砂。一般夏天在 24h 后进行养护，春秋季节应在 48h 后进行养护。当采用硅酸盐水泥和普通硅酸盐水泥时，养护时间不得少于 7d，当采用矿渣硅酸盐水泥时，养护时间不得少于 14d。面层强度达到 5MPa 以上才允许人在地面上行走或进行其他作业。

## 5.2.4　水泥地面质量验收

水泥地面质量验收标准和允许偏差应符合表 5-4、表 5-5 的规定。

**水泥地面质量验收标准和检验方法**　　　　　　　　　　表 5-4

| 类别 | 质量标准 | 检验方法 |
|---|---|---|
| 主控项目 | 有排水要求的水泥地面,坡向应正确,排水应通畅,防水砂浆面层不应渗漏 | 观察检查和蓄水,泼水检验或坡度尺检查及检查验收记录 |
| | 面层与下一层应结合牢固,无空鼓、裂纹。当出现空鼓时,空鼓面积不应大于 400cm² ,且每自然间或标准间不应多于 2 处 | 观察和用小锤轻击检查 |
| 一般项目 | 面层表面的坡度应符合设计要求,不应有倒泛水和积水现象 | 观察和采用泼水或坡度尺检查 |
| | 面层表面应洁净,不应有裂纹、脱皮、麻面、起砂等现象 | 观察检查 |
| | 踢脚线与柱、墙面应紧密结合,踢脚线高度及出柱、墙厚度应符合设计要求且均匀一致。当出现空鼓时,局部空鼓长度不应大于 300mm,且每自然间或标准间不应多于 2 处 | 用小锤轻击、钢直尺和观察检查 |
| | 楼梯、台阶踏步的宽度、高度应符合设计要求。楼层梯段相邻踏步高度差不应大于 10mm;每踏步两端宽度差不应大于 10m,旋转楼梯梯段的每踏步两端宽度的允许偏差不应大于 5mm。踏步面层应做防滑处理,齿角应整齐,防滑条应顺直、牢固 | 观察和用钢尺检查 |

<table>
<tr><td colspan="3">水泥地面允许偏差和检验方法</td><td>表 5-5</td></tr>
</table>

| 项目 | 允许偏差（mm） | 检验方法 |
|---|---|---|
| 表面平整度 | 4 | 用 2m 靠尺和楔形塞尺检查 |
| 踢脚线上口平直 | 4 | 拉 5m 线和用钢直尺检查 |
| 缝格平直 | 3 | 拉 5m 线和用钢直尺检查 |

# 5.3 块材地面工程

块材地面是在混凝土基层上铺设陶瓷地砖、陶瓷马赛克、水泥花砖、预制水磨石、天然花岗石、大理石、塑料块材、地毯等装饰块材的地面。这类地面具有光洁、美观、耐用、耐腐蚀、耐磨、易于清扫等优点，在工业与民用建筑工程中应用广泛。

天安门广场南北长 880m，东西宽 500m，面积达 44 万 m²，可容纳 100 万人举行盛大集会，是世界上最大的城市广场。广场地面全部由耐磨、抗压、经过特殊工艺技术处理的粉色天然花岗岩条石铺成，这也是世界上面积最大的块材地面，如图 5-7 所示。

图 5-7 天安门广场块材地面

## 5.3.1 块材地面施工准备

**1. 块材地面施工材料准备**

块材地面施工材料准备见表 5-6。

块材地面材料

<table>
<tr><td colspan="3">块材地面材料准备</td><td>表 5-6</td></tr>
</table>

| 材料 | 图片 | 要求 |
|---|---|---|
| 陶瓷地砖 |  | 由黏土和其他无机非金属原料，经成型、烧结等工艺生产的板状或块状陶瓷制品，用于装饰与保护建筑物的地面。通常在室温下通过干压、挤压或其他成型方法成型 |

| 材料 | 图片 | 要求 |
|---|---|---|
| 陶瓷锦砖 | | 它是用优质瓷土烧成,出厂前已按各种图案反贴在牛皮纸上。色泽多样,质地坚实,经久耐用,能耐酸、耐碱、耐火、耐磨,抗压力强,吸水率小,不渗水,易清洗,可用于工业与民用建筑的洁净车间、门厅、走廊、餐厅、厕所、浴室、工作间、化验室等处的地面 |
| 大理石 | | 大理石磨光后非常美观,加工成各种形材、板材,主要用于建筑物地面。技术等级、光泽度、外观等质量应符合现行国家标准的规定和设计要求 |
| 花岗岩 | | 以石英、长石和云母为主要成分,岩质坚硬密实,由火山爆发的熔岩在受到相当的压力的熔融状态下隆起至地壳表层,岩浆不喷出地面,而在地底下慢慢冷却凝固后形成的构造岩,是一种深成酸性火成岩 |
| 瓷砖粘结剂 | | 是一种高品质环保型聚合物水泥基复合粘结材料,属于面砖材料中的一种,粘结力、相容性应符合设计要求 |
| 瓷砖填缝剂 | | 填缝剂粘合性强、收缩小、颜色固着力强,具有防裂纹的柔性,装饰质感好,抗压力耐磨损、抗霉菌 |
| 界面剂 | | 通过对物体表面进行处理,改善或完全改变材料表面的物理技术性能和表面化学特性。适用于砖混墙面、腻子批刮、瓷砖粘结、砖石背涂及保温板材等的基层界面预处理 |

| 材料 | 图片 | 要求 |
|---|---|---|
| 地毯 |  | 以棉、麻、毛、丝、草等天然纤维或化学合成纤维类原料,经手工或机械工艺进行编结、栽绒或纺织而成的地面铺敷物。覆盖于住宅、宾馆、体育馆、展览厅、车辆、船舶、飞机等的地面,有减少噪声、隔热和装饰效果 |
| 倒刺板条 |  | 地毯满铺时,固定地毯边缘,防止移位和边缘被随意踢起 |
| 地毯收口条 |  | 主要用于不同厚度的地毯铺装材料之间连接、过渡,以防止地毯边缘绊倒行人。分PVC收口条,铝合金收口条 |
| 地毯衬垫 |  | 是一种软橡胶制品,铺贴在地毯下面,可使地毯踏上后有柔软舒适之感,且有防潮透气之作用,并可延长地毯的寿命 |
| 地毯胶带 |  | 是工业胶带的一种,使用于展会地毯的粘贴,宾馆酒店的地毯粘贴 |

**2. 机具准备**

不同的块材地面施工时除了需要使用一些常用到的放线、标记等的工具外,还要用到不同的机具,比如砂浆搅拌机、石材切割机、抹子、橡皮锤、拨缝开刀等,而地毯要用到剪刀、壁纸刀、地毯撑子、小铲刀等,见表5-7。

块材地面机具

块材地面机具准备　　　　　　　　表 5-7

| 机具 | 图片 | 用途 |
|---|---|---|
| 石材切割机 |  | 主要用于花岗石、大理石、水磨石及陶瓷等板材的切断与倒角加工 |
| 磨石机 |  | 是以人造金刚石为磨料的高效节能的建筑机械,主要用于石材的磨平与抛光 |
| 地毯撑 |  | 地毯铺设时使用的工具,能起到拉紧拉平的作用 |
| 地毯切割刀 | 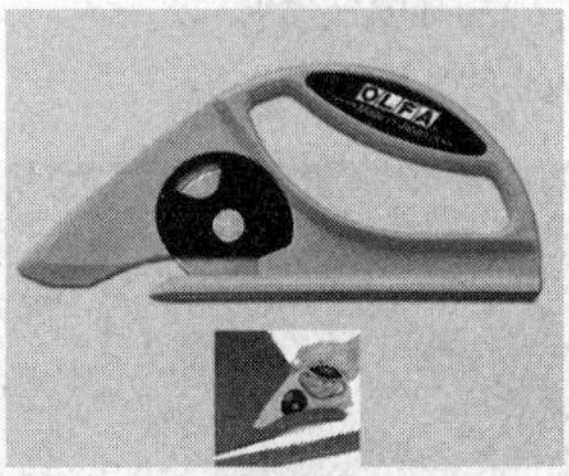 | 专门用于地毯的切割 |

## 5.3.2　陶瓷地砖地面施工工艺

陶瓷地砖地面是采用各种烧制而成的地板砖在水泥砂浆或胶粘剂结合层上铺设的地面。陶瓷地砖又称墙地砖,分有釉面和无釉面、防滑及抛光等多种,色彩丰富,抗腐耐磨,施工方便,装饰效果好。

**1. 陶瓷地砖地面施工工艺流程**

基层处理→瓷砖浸水湿润→铺抹水泥砂浆找平层→弹控制线→铺砖→养护。

**2. 陶瓷地砖地面施工操作要点**

(1) 基层处理。将混凝土基层上的杂物清理掉,并用錾子剔掉砂浆落地灰,用钢丝刷刷净浮浆层。

(2) 瓷砖浸水湿润。铺砌前 12h 将瓷砖放入水桶中浸泡,晾干后表面无明水时方可使用,如图 5-8 所示。

图 5-8　浸砖

（3）铺抹水泥砂浆找平层。陶瓷地砖地面铺抹水泥砂浆找平层是对基层平整度处理的关键工序，如果房间平整度满足设计要求可省略此步骤。先在干净湿润的基层上刷上一层界面剂或水灰比为 1∶2 的素水泥浆，然后及时铺抹 1∶3 干硬性水泥砂浆，大杠刮平，木抹子搓毛。找平层厚度根据设计地面标高确定，一般为 25～30mm。

（4）弹控制线。当找平层砂浆抗压强度达到 1.2MPa 时，就可以上人弹陶瓷地砖地面铺贴的控制线了。预先根据设计要求和砖块规格尺寸，确定砖块铺贴的缝隙宽度。当设计无规定时，紧密铺贴缝隙宽度不宜大于 1mm，离缝铺贴缝隙宽度宜为 5～10mm。弹线从室内中心线向两边进行，尽量符合砖模数。当尺寸不合整块砖的倍数时，可将半块砖放于边角处，如图 5-9 所示。

（5）铺砖。根据排砖控制线先铺贴好左右靠边基准行（封路）的块料，然后根据基准行由内向外挂线逐行铺贴，并随时做好各道工序的检查和复验工作，以保证铺贴质量。铺贴时宜采用干硬性水泥砂浆，厚度为 10～15mm，然后用约 2～3mm 厚水泥浆或瓷砖粘接剂满涂块料背面，对准挂线及缝子，将块料铺贴上，用橡皮锤敲击至平正。挤出的水泥浆及时清理干净。随铺砂浆随铺贴，如图 5-10 所示。面层铺贴 24h 内，进行擦缝、勾缝工作。勾缝深度比砖面凹 2～3mm 为宜，擦缝和勾缝应采用同品种、同强度等级、同颜色的彩色水泥或专用填缝剂。

贴地砖、石材

（6）养护。铺完砖 24h 后洒水养护，时间不应少于 7d。

图 5-9　弹控制线

图 5-10　铺砖

### 5.3.3　石材地面施工工艺

石材地面是采用天然大理石、花岗岩等块材作饰面层的楼地面，具有质地坚硬、色泽鲜明、庄重大方、典雅气派等优点，常用于高级装饰工程如宾馆、饭店、酒楼、写字楼的大厅、走廊等部位。大理石板材不得用于室外地面面层。

**1. 石材地面工艺流程**

基层处理→弹线→试拼→铺设石板→灌浆擦缝。

**2. 石材地面工程施工操作要点**

（1）基层处理。把粘结在混凝土基层上的浮浆、松动混凝土等剔掉，用钢丝刷刷掉水泥浆皮，然后用扫帚扫净。

（2）弹线。为了检查和控制大理石（或花岗石）板块的位置，在房间内拉十字控制线，弹在混凝土垫层上，并引至墙面底部，然后依据墙面+500mm 标高线找出面层标高，在墙上弹出水平标高线，弹水平线时要注意室内与楼道面层标高要一致。

（3）试拼。在正式铺设前，对每一房间的大理石（或花岗石）板块按图案、颜色、纹理试拼，将非整块板对称排放在房间靠墙部位，试拼后按两个方向编号排列，然后按编号码放整齐，如图 5-11 所示。

（4）铺设石板。板块应先用水浸湿，待擦干或表面晾干后方可铺设。根据房间拉的十字控制线，纵横各铺一行，作为大面积铺砌标筋用。依据试拼时的编号、图案及试排时的缝隙，在十字控制线交点开始铺砌。对好纵横控制线铺落在已铺好的干硬性砂浆结合层上，用橡皮锤敲击木垫板（不得用橡皮锤或木锤直接敲击板块），振实砂浆至铺设高度后，将板块掀起移至一旁，检查砂浆表面与板块之间是否相吻合如发现空虚之处，应用砂浆填补。随即将石材背面均匀刮上 2mm 厚的粘结剂或素水泥浆，然后用毛刷沾水湿润砂浆表面，再将石材对准铺贴位置，使板块四周同时落下，用橡皮锤敲击平实，随即清理板缝内的水泥浆，如图 5-12 所示。

图 5-11　码放整齐的石材

图 5-12　石材铺贴

（5）灌浆擦缝。在板块铺砌 1～2d 后进行灌浆擦缝。根据石材颜色选择相同颜色矿物颜料和水泥拌合均匀，调成 1∶1 稀水泥浆，用浆壶徐徐灌入板块之间的缝隙中（可分几次进行），并用长把刮板把流出的水泥浆刮向缝隙内，至基本灌满为止。灌浆 1～2h 后，用棉纱团蘸原稀水泥浆擦缝与板面擦平，同时将板面上水泥浆擦净，使大理石（或花岗石）面层的表面洁净、平整、坚实。

以上工序完成后，面层加以覆盖。当水泥砂浆结合层达到强度后（抗压强度达到 1.2MPa 时），方可进行打蜡等处理。

## 5.3.4　地毯地面施工工艺

地毯分为化纤地毯、羊毛地毯、麻地毯等品种；尽管地毯有不同的材料及样式，却都有着良好的吸声、隔声、防潮的作用。居住楼房的家庭铺上地毯之后，可以减轻楼上楼下的噪声干扰。地毯按照铺设方式不同又分为满铺和局部铺设，局部铺设一般不与基层固定，仅适用于装饰性工艺地毯。下面介绍的是满铺的施工工艺。

**1. 地毯地面施工工艺流程**

基层处理→弹线、套方、分格、定位→地毯剪裁→钉倒刺板挂毯条→铺设衬垫→地毯拼缝→地毯固定→细部处理及清理。

**2. 地毯地面施工操作要点**

（1）基层处理。将铺设地毯的地面清理干净，保证地面干燥，并且要有一定的强度。检查地面的平整度偏差不大于 4mm，地面基层含水率不大于 8%，满足要求后再进行下一道工序。

（2）弹线、套方、分格、定位。要严格按照设计图纸要求对房间的各个部分进行弹线、套方、分格。如无设计要求时应按照房间对称找中并弹线定位铺设。

（3）地毯剪裁。地毯裁割应在比较宽阔的地方统一进行，并按照每个房间实际尺寸，计算地毯的裁割尺寸，要求在地毯背面弹线、编号。铺贴的原则是地毯的经线方向应与房间长向一致。地毯的每一边长度应比实际尺寸要长出 20mm 左右，宽度方向要以地毯边缘线的尺寸计算。按照背面的弹线用地毯切割刀从背面裁切，并将裁切好的地毯编上号，存放在相应的房间。

（4）钉倒刺板挂毯条。沿房间墙边或走道四周的踢脚板边缘，用高强水泥钉将倒刺板固定在基层上，水泥钉长度一般为 40~50mm，倒刺板离踢脚板面 8~10mm，相邻两个钉子的距离控制在 300~400mm。钉倒刺板时应注意不得损伤踢脚板，倒刺板、地毯和踢脚板的构造如图 5-13 所示。

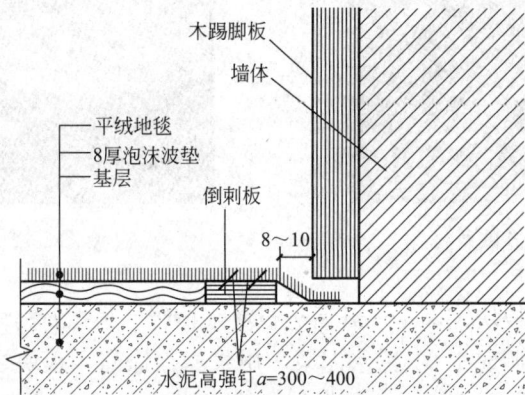

图 5-13  倒刺板、地毯和踢脚板的构造

图 5-14  铺设地毯衬垫

（5）铺设衬垫。衬垫铺贴在地毯下面，可使地毯踏上后有柔软舒适之感，且有防潮透气之作用，并可延长地毯的寿命。衬垫应按照倒刺板的净距离下料，避免铺设后衬垫皱褶，覆盖倒刺板或远离倒刺板，如图 5-14 所示。设置衬垫拼缝时应考虑到与地毯拼缝至少错开 150mm。衬垫用点粘法刷聚酯乙烯乳胶粘贴在地面上。

（6）地毯拼缝。地毯铺设前将裁剪好的

地毯拼接到一起，拼缝前要判断好地毯的编织方向，避免缝两边的地毯绒毛排列方向不一致。地毯缝用地毯胶带连接，在地毯拼缝位置的地面上弹一直线，按照线将胶带铺好，两侧地毯对缝压在胶带上，然后用熨斗在胶带上熨烫，使胶层溶化，随熨斗的移动立即把地毯紧压在胶带上。接缝以后用剪子将接口处的绒毛修齐。

（7）地毯固定。将地毯的一条长边固定在倒刺板上，并将毛边塞到踢脚板下，用地毯撑拉伸地毯。拉伸时，先压住地毯撑，用膝撞击地毯撑，从一边一步一步推向另一边，如图 5-15 所示。反复操作将四边的地毯固定在四周的倒刺板上，并将长出的地毯裁割。地毯挂在倒刺板上要轻轻敲击一下，使倒刺全部勾住地毯，以免挂不实而引起地毯松弛。

图 5-15　地毯撑拉伸地毯

（8）细部处理及清理。施工时要注意门口压条的处理，门框、走道与门厅等不同部位、不同材料的交圈和衔接收口处理；固定、收边、掩边必须粘结牢固，特别注意拼接地毯的色调和花纹的对形，不能有错位等现象。铺设工作完成后，因接缝、收边裁下的边料和掉下的绒毛、纤维应打扫干净，并用吸尘器将地毯表面全部吸一遍。

### 5.3.5　块材地面工程质量验收

**1.石材板块、陶瓷块材、塑料块地面质量验收标准及允许偏差（表 5-8、表 5-9）**

块材地面质量验收标准　　　　　　　表 5-8

| 项目 | 质量要求 | 检验方法 |
|---|---|---|
| 主控项目 | 排列应符合设计要求，门口处宜采用整块。非整块的宽度不宜小于整块的1/3 | 观察、尺量检查 |
| | 材料的品种、规格、图案颜色和性能应符合设计要求 | 观察检查 |
| | 找平、防水、粘结和勾缝材料应符合国家标准规定 | 观察；检查产品合格证书、性能检测报告和进场验收记录 |
| | 铺贴位置、整体布局、排列形式、拼花图案应符合设计要求 | 观察检查 |
| | 面层与基层应结合牢固，无空鼓 | 观察、小锤轻击检查 |
| 一般项目 | 表面平整、洁净、色泽基本一致，无裂纹、划痕、掉角、缺棱等现象 | 观察、尺量、用小锤轻击检查 |
| | 边角整齐、接缝平直、光滑、均匀，纵横交界处应无明显错台、错位，填嵌应连续、密实 | 观察、尺量、用小锤轻击检查 |
| | 与墙面或地面突出物周围套割应吻合，边缘应整齐，与踢脚板交接应紧密，缝隙应顺直 | 观察、尺量、用小锤轻击检查 |
| | 踢脚板固定应牢固，高度、凸墙厚度应保持一致，上口应平直；地板与踢脚板交接应紧密，缝隙顺直 | 观察、尺量、用小锤轻击检查 |
| | 地板表面应无泛碱等污染现象 | 观察、尺量、用小锤轻击检查 |
| | 排水坡度应符合设计要求，并不应倒坡、积水；与地漏（管道）结合处应严密牢固，无渗漏 | 观察、尺量、用小锤轻击检查 |

块材地板的允许偏差和检验方法 表 5-9

| 项目 | 允许偏差（mm） | | | 检验方法 |
|------|------|------|------|------|
| | 石材板块 | 陶瓷块材 | 塑料块材 | |
| 表面平整度 | 2.0 | 2.0 | 2.0 | 用 2m 靠尺、塞尺检查 |
| 接缝直线度 | 2.0 | 3.0 | 1.0 | 钢直尺或者拉 5m 线，不足 5m 拉通线，钢直尺检查 |
| 接缝宽度 | 2.0 | 2.0 | 1.0 | 钢直尺检查 |
| 接缝高低差 | 2.0 | 2.0 | 1.0 | 用钢尺和塞尺检查 |
| 与踢脚缝隙 | 1.0 | 1.0 | 1.0 | 观察，塞尺检查 |
| 排水坡度 | 4.0 | 4.0 | 4.0 | 水平尺，塞尺检查 |

**2. 地毯地面的质量标准和检验方法（表 5-10）**

地毯地面的质量标准和检验方法 表 5-10

| 类别 | 质量标准 | 检验方法及器具 |
|------|------|------|
| 主控项目 | 材料品种、规格、图案、颜色和性能应符合设计要求 | 观察检查 |
| | 粘结、底衬和紧固材料应符合设计要求和国家现行有关标准的规定 | 观察、检查产品合格证书、性能检测报告、进场验收记录 |
| | 铺贴位置、拼花图案应符合设计要求 | 观察检查 |
| | 铺贴应符合国家标准规定 | 观察检查 |
| 一般项目 | 表面应干净，不应起鼓、起皱、翘边、卷边、显拼缝、露线和无毛边，绒面毛顺光一致，毯面干净，无污染和损伤 | 观察、手试检查 |
| | 固定式地毯和底衬周边与倒刺板连接牢固，倒刺板不得外漏 | 观察、手试检查 |
| | 粘贴式地毯胶粘剂与基层应粘贴牢固，块与块之间应挤紧服贴，地毯表面不得有胶痕 | 观察、手试检查 |
| | 楼梯地毯铺设每梯段顶级地毯固定牢固，每踏级阴角处应用卡条固定 | 观察、手试检查 |

# 5.4 木地板地面工程

## 5.4.1 木地板地面基本知识

木地板地面工程是指面层为木材料的地面，其面层有实木地板面层、实木复合地板面层、中密度（强化）复合木地板、竹地板等。

木地板地面的施工做法分为实铺式（粘贴、悬浮）、空铺式（格栅、架空）两种，如表 5-11 所示。

木地板地面施工做法　　表 5-11

| 分类 | | 图片 | 特点 |
|---|---|---|---|
| 实铺式 | 粘贴式 | | 在混凝土结构层上用 15mm 厚 1:3 水泥砂浆找平,然后采用高分子粘结剂将木地板直接粘贴在地面上 |
| | 悬浮式 | | 悬浮式铺设法主要是指地板不直接铺在地面,而是在地板铺设防潮垫,再在上方铺设地板。这种方法防潮防蛀,十分适合家装用户用来铺设实木复合地板 |
| 空铺式 | 搁栅式 | | 基层采用梯形截面木搁栅(俗称木楞),木搁栅的间距一般为 400mm,中间可填一些轻质材料,以减低人行走时的空鼓声、并改善保温隔热效果。为增强整体性,木搁栅之上可以铺钉毛地板,在毛地板上钉接或粘接木地板 |
| | 架空式 | | 是在地面先砌地垄墙,然后安装木搁栅、毛地板、面层地板。因家庭居室高度较低,这种架空式木地板很少在家庭装饰中使用,一般在公共建筑的首层使用 |

## 5.4.2　木地板地面施工准备

### 1. 材料准备

木地板地面采用的板材宜采用具有商品检验合格证的产品,其厚度、技术等级和质量标准要求应符合设计要求,含水率应小于 12%,必须做防腐、防蛀及防火处理。

### 2. 机具准备

木地板的铺设要用到木工电锯、木工电刨、裁口机、手电刨、手电钻、木工手锯、木工细刨、钉锤、凿子、斧子、铲刀、扳手、钳子、水平仪、水平尺、靠尺等,见表 5-12。

木地板地面机具准备　　表 5-12

| 机具 | 图片 | 用途 |
|---|---|---|
| 木工电刨 | | 电刨是刨削木材平面的电动工具,具有生产效率高、刨削表面平整、光滑等特点 |

133

| 机具 | 图片 | 用途 |
|---|---|---|
| 裁口机 |  | 用于木地板裁口的工具 |
| 木工细刨 |  | 用于木料的粗刨、细刨、净料、净光、起线、刨槽、刨圆等方面的制作 |
| 凿子 |  | 用来凿眼、挖空、剔槽、铲削 |

### 5.4.3　实木地板地面施工

实木地板选用搁栅式铺设可以达到增加保温隔热，脚感更舒适的作用，木搁栅中间可填一些轻质材料，以减小人行走时的空鼓声。根据在木搁栅上是否铺钉毛地板，又分为单层铺设和双层铺设，在搁栅上铺毛地板的做法可以使整体性更好，如图 5-16 所示。下面以双层式为例来学习实木地板的施工工艺。

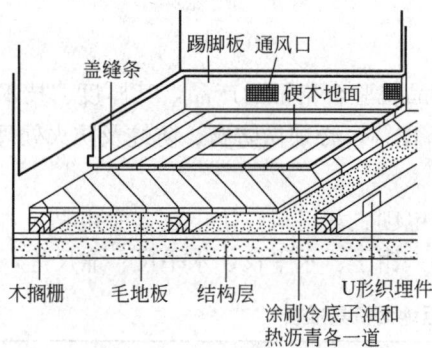

图 5-16　双层木地板构造

**1. 实木地板地面施工工艺流程**

基层处理→施工放线→安装木搁栅→按设计要求钉毛地板、铺防潮层→铺设条材实木地板→安装踢脚板。

**2. 实木地板地面施工操作要点**

（1）基层处理。将基层上的砂浆、垃圾等彻底清扫干净，确保地面无浮土、无明显凸出物和施工废弃物。

（2）施工放线。根据具体设计要求在楼板上弹出搁栅的位置线。

（3）安装木搁栅。木搁栅表面应平直，否则在底部砍削找平，刷防火涂料及防腐处理。木搁栅加工成梯形，可以节省木料，也有利于稳固，也可采用 30mm×40mm 木搁栅，接头采用平接头，接头处用双面木夹板，每面钉牢。如楼板上无预埋件，电钻在木搁栅上开孔，用膨胀螺、角码固定木搁栅。木搁栅之间直接设置横撑，横撑间距 800mm 与搁栅垂直相交，铁钉固定。

（4）按设计要求钉毛地板、铺防潮层。木地板面层下的毛地板可采用宽度不大于 120mm 的棱料或细木工板、多层胶合板等成品机拼板材按照设计规格铺钉。在铺设前应清除毛地板下空间内的刨花等杂物。在铺设毛地板时应与格栅成 30°、45°或 90°，每块毛地板应钉两个钉子，钉子的长度应为板厚的 2.5 倍，钉帽砸扁并冲入板面不少于 2mm。毛地板表面应刨平，板间缝隙不应大于 3mm，毛地板与墙之间应留 8～12mm 缝隙。

（5）铺设实木地板。在毛地板上铺设实木地板前宜先铺设一层用以隔声和防潮的隔离层。然后从距门较近的墙边开始铺设条板，靠墙的一块板应离墙面 10～20mm，用木楔临时固定。用地板钉从板侧企口处斜向钉入，钉长为板厚 2～2.5 倍，钉帽砸扁冲入板面 2mm，板端接缝应错开，每铺设 600～800mm 宽应拉线找直，板缝宽不大于 0.5mm。

实木地板施工

（6）安装踢脚板。木踢脚板应在面层刨平磨光后安装，背面应作防腐处理。踢脚板接缝处应以企口相接，踢脚板用钉钉牢于墙内防腐木砖上，钉帽砸扁冲入板内。踢脚板要求与墙贴紧、安装牢固、上口平直，踢脚板安装如图 5-17 所示。

## 5.4.4　复合木地板地面施工

复合木地板由不同树种的板材交错层压而成，一定程度上克服了实木地板湿胀干缩的缺点，干

图 5-17　安装踢脚板

缩湿胀率小，具有较好的尺寸稳定性，并保留了实木地板的自然木纹和舒适的脚感。复合木地板一般采用悬浮铺贴的方法，施工简便快捷、占有室内空间较少，在家装和工装的室内地面工程中，采用越来越多。

**1. 复合木地板地面悬浮铺贴施工工艺流程**

基层处理→铺设地垫→地板试铺→铺设地板→安装踢脚板。

**2. 复合木地板地面悬浮铺贴施工操作要点**

（1）基层处理。将基层上的砂浆、垃圾等彻底清扫干净，确保地面无浮土、无明显凸出物和施工废弃物。如果门套过低，需要锯掉多余门套方便安装，如图 5-18 所示。安装前先测量地面平整度，地面平整度不达标需重新找平。

（2）铺设地垫。铺设地垫时要注意，地垫不能重叠，接缝处用 60mm 宽的胶带密封，四周各边上引 30～50mm，以不能超过踢脚板为准。如果地垫比较厚，地垫重叠处偏高，也会导致地板起拱。铺设地垫如图 5-19 所示。

图 5-18　切割门套

图 5-19　铺地垫

（3）地板试铺。在正式铺装前可以先进行地板的试铺，预先试铺包括铺装方向、铺装方式和色彩的预选。铺装方向一般为顺光铺设，房间的木板一般长边顺着光线，走廊一般顺着行走的方向。

（4）铺设地板。铺复合木地板时，应从房间的内侧向外铺。母槽靠墙，加入专用垫块预留 8～12mm 的伸缩缝，然后进行正式铺装。复合木地板的接头应按设计要求留置，复合木地板铺设如图 5-20 所示。

（5）安装踢脚板。复合木踢脚板铺设有阴阳角踢脚板，如果没有阴阳角配件，则需要切割 45°角拼接，踢脚板阴阳角安装如图 5-21 所示。

复合地板施工

图 5-20　复合木地板悬浮铺设

图 5-21　踢脚板阴阳角安装

## 5.4.5　木地板工程质量验收

木地板地面质量验收标准及允许偏差应符合表 5-13、表 5-14 的规定。

木地板地面质量验收标准　　　　　　　　表 5-13

| 项目 | 质量要求 | 检验方法 |
|---|---|---|
| 主控项目 | 木地板面层所采用的材料、技术等级及质量要求应符合设计要求；所采用和铺设时的木材含水率必须符合设计要求，木搁栅、垫木和毛地板等必须做防腐、防蛀处理 | 观察检查和检查材质合格证明文件及检测报告 |
| | 木搁栅安装应牢固、平直 | 观察、脚踩检查 |
| | 面层铺设应牢固，粘结无空鼓 | 观察、脚踩或用小锤轻击检查 |

续表

| 项目 | 质量要求 | 检验方法 |
|------|---------|---------|
| 一般项目 | 木地板面层图案和颜色应符合设计要求,图案清晰、颜色一致,板面无翘曲;面层应刨平、磨光,无明显刨痕和毛刺等现象;图案清晰,颜色均匀一致 | 观察、手摸和脚踩检查 |
| | 面层缝隙应严密;接头位置应错开,表面洁净 | 观察检查 |
| | 拼花地板接缝应对齐,粘、钉严密;缝隙宽度均匀一致;表面洁净;胶粘无溢胶 | 观察检查 |
| | 踢脚线表面应光滑,接缝严密,高度一致 | 观察和尺量检查 |

**木地板允许偏差和检验方法**　　　　　　表 5-14

| 项目 | 允许偏差 | | | | 检验方法 |
|------|---------|---------|---------|---------|---------|
| | 实木地板面层 | | | 实木复合、强化地板 | |
| | 松木地板 | 硬木地板、竹地板 | 拼花地板 | | |
| 板面缝隙宽度 | 1.0 | 0.5 | 0.2 | 0.5 | 用钢尺检查 |
| 表面平整度 | 3.0 | 2.0 | 2.0 | 2.0 | 用 2m 靠尺和楔形塞尺检查 |
| 踢脚线上口平齐 | 3.0 | 3.0 | 3.0 | 3.0 | 拉 5m 通线,不足 5m 拉通线和用钢尺检查 |
| 板面拼缝平直 | 3.0 | 3.0 | 3.0 | 3.0 | |
| 相邻板材高差 | 0.5 | 0.5 | 0.5 | 0.5 | 用钢尺和楔形塞尺检查 |
| 踢脚线与面层的接缝 | 1.0 | | | | 楔形塞尺检查 |

**【单元总结】**

楼地面具有耐磨、防水、防滑、易于清扫等特点。我们在这一单元中学习了其中最常用的水泥地面、块材地面、木地板地面构造做法,使用的工具、设备和材料,以及这些地面的施工工艺流程、质量要求和检测方法等,琐碎的知识点需要大家慢慢积累。

知识拓展

**【技能训练】复合木地板工程实训**

四人一组完成 $10 \sim 15 m^2$ 复合木地板地面的铺设。

任务书如下:

1. 根据复合木地板的规格不同及实训室的实训条件,学生完成作业面积不同,具体情况由教师自己定。

2. 施工所需的主材、辅材由学生自己选择。根据工艺流程,施工准备完成后,教师要进行检查,合格后才能做后续工作。

3. 镶贴完成后,按照施工验收规范自检,写出验收报告。

4. 按照施工流程完成此次实训,要求每一步均有书面记录和实训照片。

5. 实训注意每一步的注意事项。

【思考及练习】

答案

1. 简答题

（1）水泥砂浆楼地面的施工工艺流程有哪些？

（2）陶瓷地砖地面的施工工艺流程有哪些？

（3）实木楼地板的施工工艺流程有哪些？

2. 填空题

（1）楼面饰面要注意防渗漏问题，地面饰面要注意防潮问题，楼面、地面的组成分为_____、_____、_____三部分。

（2）水泥砂浆面层水泥砂浆强度等级不应小于_____，搅拌时间不应少于_____ min。

（3）地砖铺设时，采用_____砂，含泥量不大于_____%。

（4）陶瓷地砖铺完砖_____ h后，洒水养护，时间不应少于_____ d。

（5）铺设实木地板木龙骨加工成梯形，可以_____，也有利于_____，也可采用30mm×40mm木龙骨。

# 教学单元6  门窗工程

【教学目标】

1.知识目标
- 掌握木门窗工程、金属门窗工程、塑料门窗工程施工工艺;
- 熟悉门窗工程相关验收标准、方法及质量要求。

2.能力目标
- 能识读门窗施工设计图;
- 具备相关工具的操作能力。

【思维导图】

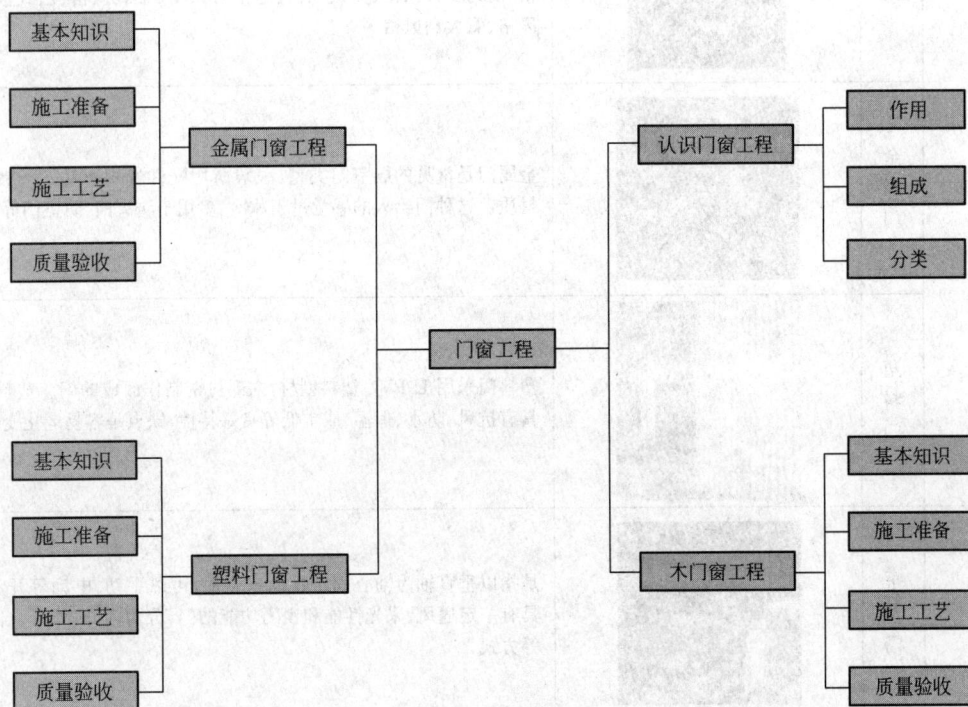

门窗作为建筑的眼睛是一道不可忽视的"风景线",在建筑中肩负着室外装饰和室内装饰的双重功能,优质门窗不仅能为建筑带来节能保温、外立面装饰的效果,更能满足人们的日常生活要求。随着住宅建筑节能标准的不断提高,如何选择性价比高的门窗显得尤为重要。

# 6.1 认识门窗工程

门窗释放着设计理念，具有使用功能及装饰美化的作用。门窗工程主要包括木门窗安装工程、金属门窗安装工程、塑料门窗安装工程、特种门安装工程、门窗玻璃安装工程。门窗工程中的特种门主要指防火门、防盗门及带有机械装置、自动装置或智能化装置的自动门。

## 6.1.1 门窗分类

门窗可以从材质、开启方式等方面进行分类，具体分类见表 6-1、表 6-2。

常见门种类

门种类和特点 表 6-1

| 分类依据 | 类别 | 图片 | 特点 |
|---|---|---|---|
| 材质 | 木门 | | 木门即木制的门，按照材质、工艺及用途可以分为复合门、实木门、全木门等种类，广泛适用于民用及商用建筑，有欧式复古风格、简约现代风格、美式风格、地中海风格、中式风格、法式浪漫风格、意大利风格等 |
| | 金属门 | | 金属门是常见的居室门类型，一般所用配件选用不锈钢或镀锌材质。这种门给人的感觉过于冰冷，多用于防火门、防盗门等 |
| | 塑料门 | | 塑料门采用 U-PVC 塑料型材，内部衬钢制作而成的门。塑料门具有抗风、防水、保温、成本低等良好特性，缺点是容易老化变色 |
| 开启方式 | 平开门 | | 是指以垂直轴为轴心固定在洞口侧面，可以手动、电动等开启，具有一定通风、采光性能和锁闭功能的门，分为内开、外开、自由等方式 |
| | 推拉门 | | 指可以推动拉动的门，是一种家庭常用门。随着技术的发展与装修手段的多样化，推拉门从传统的板材发展到玻璃、布艺、藤编、铝合金型材，推拉门的功能和使用范围在不断扩展 |

续表

| 分类依据 | 类别 | 图片 | 特点 |
|---|---|---|---|
| 开启方式 | 折叠门 |  | 主要适用于车间、商场、办公楼、展示厅和家庭等场所的隔断、屏风等,可有效起到隔温、防尘、降噪隔声、遮蔽等作用,也可有效节约门占用的空间 |
| | 转门 |  | 也称为旋转门,是指三扇或四扇门连成一个风车形,固定在两个弧形门套内旋转的门。转门是节能的,因为它能防止建筑物与外界进行热量交换而造成损失 |
| | 自动门 |  | 可以将人接近门的动作(或将某种入门授权)识别为开门信号的控制单元,通过驱动系统将门开启,在人离开后再将门自动关闭,并对开启和关闭的过程实现控制的系统。自动门分为旋转门、弧形门、平移门、感应电动门、紧急疏散平移门、折叠门等多种类别 |

常见窗种类

窗种类和特点　　　　　　　　　　　　　　　　　　　表 6-2

| 分类依据 | 类别 | 图片 | 特点 |
|---|---|---|---|
| 材料 | 木窗 |  | 现代装修中,中式建筑往往采用复古式木窗。此外,高档欧式建筑的欧式木窗是一种保温好、隔声性强、绿色环保和美观时尚的高档木窗 |
| | 金属窗 |  | 金属窗包括钢窗、铝合金窗和涂色镀锌钢板窗等 |
| | 塑料窗 |  | 塑料窗是使用塑料型材,内部增加了钢材的衬板,既能达到保温的效果,同时又利用钢的特性增加了窗的强度 |

| 分类依据 | 类别 | 图片 | 特点 |
|---|---|---|---|
| 开启方式 | 平开窗 | | 是指以垂直的轴为轴心固定在洞口侧面,可以手动、电动开启,具有一定通风、采光性能和锁闭功能的窗,分为内开、外开、自由等方式 |
| | 推拉窗 | | 分左右、上下推拉两种。推拉窗有不占据室内空间的优点,外观美丽、价格经济、密封性较好。采用高档滑轨,轻轻一推,开启灵活。配上大块的玻璃,既增加室内的采光,又改善建筑物的整体外貌。窗扇的受力状态好、不易损坏,但通气面积受一定限制 |
| | 悬窗 | | 是指沿水平轴开启的窗。根据铰链和转轴位置的不同,分为上悬窗、下悬窗、中悬窗。上悬窗是铰链安装在窗扇的上边,一般向外开启,防雨好 |
| | | | 下悬窗是铰链安装在窗扇的下边,一般向内开启,通风较好,但不防雨 |
| | | | 中悬窗是窗扇两边中部装水平转轴。开关方便、省力、防雨 |

## 6.1.2 门窗作用及组成

门的主要作用是分隔和交通,同时还兼具通风、采光、保温、隔声、防雨、防风沙及防放射线等功能。门的数量和大小一般应由交通疏散、防火规范和家具、设备大小等要求来确定。窗的主要作用是采光、通风、保温、隔热、隔声、眺望、防雨及防风沙等,有特殊功能要求时窗还可以防火及防放射线等。

门窗一般由门窗框、门窗扇、玻璃、五金配件等部件组合而成,见表6-3。

门窗组成 表 6-3

| 组成 | | 图片 | 作用 |
|---|---|---|---|
| 门 | 门框 | | 门框是围着门洞口两侧和顶上的边框,起到支承门扇的作用。现代室内门框一般做成门套的形式,起固定门扇和保护墙角、装饰等作用 |
| | 门扇 | | 门扇也叫门扉,是门的主体开关部件,安装在门框上 |
| 窗 | 窗框 | | 窗框是墙体与窗的过渡层,起到固定窗扇和墙体的作用。窗框材质一般选用可塑性强的材料,比如木头、金属、塑料等 |
| | 窗扇 | | 窗扇是窗户上像门扇一样可以开合的部分,开启时可以起到通风换气的作用 |
| 玻璃 | 钢化玻璃 | | 钢化玻璃是普通玻璃经过高温加工冷却而成的,又叫做安全玻璃,其硬度是普通玻璃的 2 倍。钢化玻璃硬度高,不易被打破,打破后成为颗粒也不会伤人,故也是一种防护玻璃 |
| | 镀膜玻璃 | | 也叫热反射玻璃,是在玻璃表面均匀地镀上金属或金属氧化物膜层,改变玻璃的光学性能,使玻璃的遮光性好,并具有较好的热反射能力,可节约能源。Low-E 玻璃是镀膜玻璃的一种,它可以将 80% 以上的远红外线反射回去,具有良好的阻隔热辐射作用。冬天防热能泄露,夏天防热能入室,非常节能 |
| | 中空玻璃 | | 在两块(或三块)玻璃间使用高强度高气密性复合胶粘剂,将玻璃片与内含干燥剂的铝合金框架粘结,制成的高效能隔声隔热玻璃。保证玻璃间长时间保持为干燥的空气层,无水汽、尘埃等,这个中空可以起到隔热和隔声的效果 |

| 组成 | 图片 | 作用 |
|---|---|---|
| 五金配件 | | 门窗五金是安装在建筑物门窗上的各种金属和非金属配件的统称，在门窗启闭时起辅助作用。表面一般经镀覆或涂覆处理，具有坚固、耐用、灵活、经济、美观等特点。铝合金门窗五金有拉手、滑撑、锁座等 |

## 6.1.3 门窗安装工具

不同种类门窗安装需要使用的工具会有所不同，比如木门窗会用到各种刨子和木钻，但金属门窗就会用到不同的切割工具，门窗安装常用工具清单见表6-4。

门窗安装机具设备清单　　　　　　　　　　　　　　　　表6-4

| 种类 | 名称 | 图片 | 用途 |
|---|---|---|---|
| 量具 | 钢卷尺钢板尺 | | 用于丈量长度尺寸 |
| | 水平尺线坠 | | 用于检测窗户的水平、垂直度 |
| | 激光水平仪 | | 通过发射水平和垂直线进行放线，控制门窗水平和垂直度，也可以使用线锤和水平尺检查 |
| | 角尺 | | 角尺主要用于测量90°角，俗称找方正；测量45°角用于拼角 |
| 标记用具 | 记号笔弹线盒 | | 记号笔一般用于标记点、较短的线段以及弧形线等，如：需要打孔位置等。弹线盒适宜记较长的线段，如：标高线、门窗中位线、门窗安装高度线等 |

| 种类 | 名称 | 图片 | 用途 |
|---|---|---|---|
| 平整工具 | 刨子 | | 用来刨平、刨光、刨直、削薄木材的一种木工工具。根据使用功能不同又分为粗刨、细刨、裁口刨等种类 |
| | 锉子 | | 锉掉材料边缘的工具,常用的有平板锉和圆锉 |
| 紧固用具 | 锤子 | | 铁锤用于钉进圆钉、水泥钉、塑料胀塞及膨胀螺栓的套等;橡皮锤用于辅助门窗就位 |
| | 螺丝刀 | | 也称改锥,有一字头的也有十字头的,用于拧进木螺钉及自攻螺钉等 |
| | 手电钻 | | 又称电动螺丝刀,用于固定自攻螺钉,有直流电和充电两种 |
| | 扳手 | | 用于拧紧螺母 |
| | 气钉枪气排钉 | | 气钉枪是由枪身部分和弹夹部分组合而成,需配备空压机等辅助设备,将排钉夹中的排钉钉入物体中 |
| | 冲击钻 | | 主要适用于对混凝土地板、墙壁、砖块、石料、木板和多层材料上进行冲击打孔;另外还可以在金属、陶瓷和塑料上进行钻孔和攻牙,配备有电子调速装备可作顺、逆转等功能 |

| 种类 | 名称 | 图片 | 用途 |
|---|---|---|---|
| 紧固用具 | 拉铆枪 | 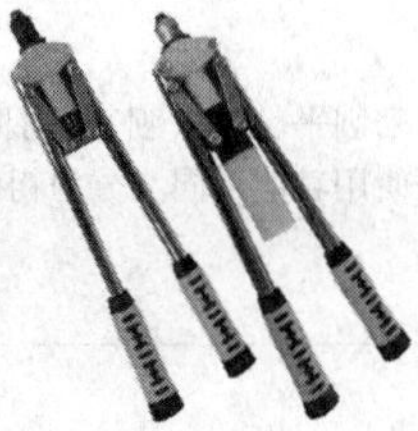 | 专用于铝合金门窗上的拉铆钉的紧固 |
| 切割工具 | 木锯 | 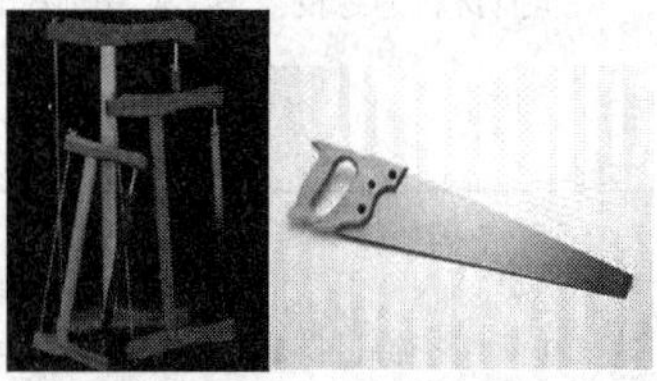 | 木工锯是加工木材时使用的工具之一,一般可分为框锯、刀锯、槽锯、板锯等 |
| | 钢锯 | 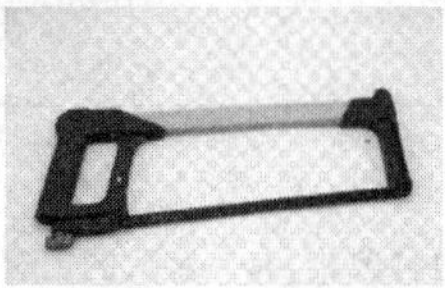 | 钢锯是钳工的常用工具,可切断较小尺寸的圆钢、角钢、扁钢和工件等 |
| | 小电锯 |  | 用来切割木料的电动切割工具 |
| | 砂轮切割机 |  | 用于切割金属门窗,有台式的砂轮切割机和多功能手持切割机 |
| | 玻璃刀 |  | 玻璃刀是玻璃切割的专用工具 |
| 密封工具 | 胶枪 | 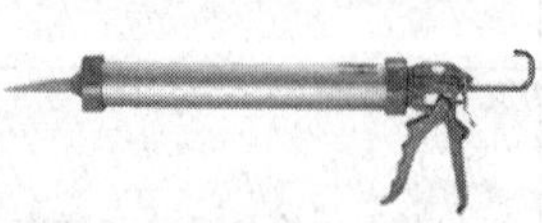 | 打胶专用工具,专门用于玻璃胶、密封胶以及结构胶的涂布 |

## 6.1.4　门窗工程验收

门窗工程验收时应检查一些文件和记录,比如:门窗工程的施工图、设计说明及其他设计文件;材料的产品合格证书、性能检验报告、进场验收记录和复验报告;隐蔽工程验收记录等。门窗工程中的隐蔽工程项目包括预埋件和锚固件,隐蔽部位的防腐和填嵌处理等。门的检测报告内容如图 6-1 所示。

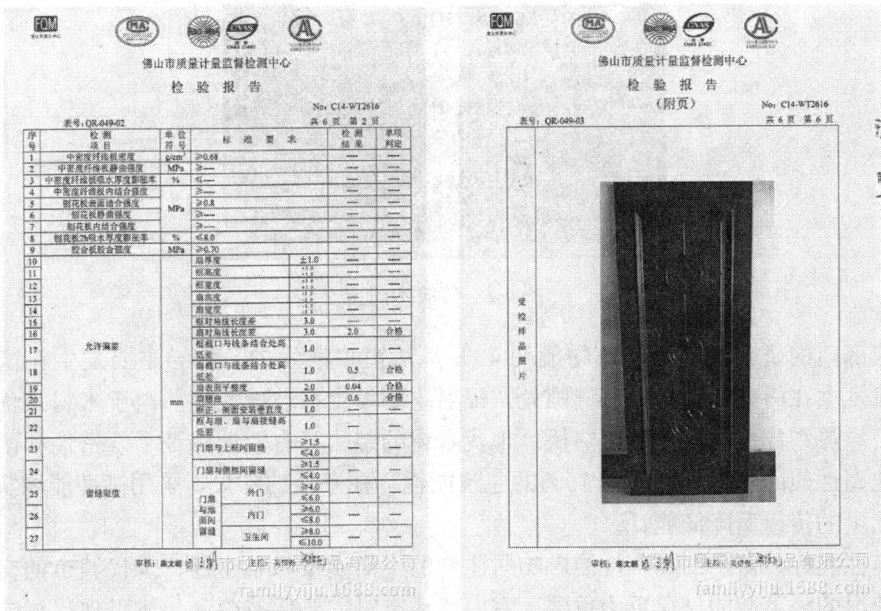

图 6-1　门检测报告

门窗工程需要进行复验的材料及其性能指标包括人造木板门的甲醛释放量，建筑外窗的气密性能、水密性能和抗风压性能等。

门窗工程检验一般规定：

同一品种、类型和规格的木门窗、金属门窗、塑料门窗和门窗玻璃每 100 樘应划分为一个检验批，不足 100 樘也应划分为一个检验批。每个检验批应至少抽查 5%，并不得少于 3 樘，不足 3 樘时应全数检查；高层建筑的外窗每个检验批应至少抽查 10%，并不得少于 6 樘，不足 6 樘时应全数检查。

木门窗与砖石砌体、混凝土或抹灰层接触处应进行防腐处理，埋入砌体或混凝土中的木砖应进行防腐处理。

建筑外门窗安装必须牢固。在砌体上安装门窗严禁采用射钉固定。推拉门窗扇必须牢固，必须安装防脱落装置。

## 6.2　木门窗工程

木门窗在我国有着几千年的悠久历史，在满足使用功能的同时还起着绿色环保、美化装饰的作用，见图 6-2。虽然木材有易燃、易变形、开裂，被破坏后不易修复等缺点，但木门窗有着独特的纹理和装饰作用，最具温馨效果，它具有制作简单、维修方便、导热低、强度大、环保等优点。

美观性、装饰性独特。在诸多建筑材料中，木材的视觉效果和触觉效果最好，木材的天然色彩宜人，不同的树种有不同的风格和色调，不同于钢窗、铝窗、塑料窗等给人冷冰冰的感觉，它可以创造出十分和谐宜人的环境。

保温性能好。窗户是建筑物散发热量最多的部位，可以说是维护结构中的薄弱环节。

图 6-2　传统木门窗

根据建筑部门的研究，一般建筑物能耗 40％是从窗户散发的。传导主要发生在窗框和窗扇，对流发生在门窗的密封处和缝隙处，辐射主要发生在玻璃表面。由于木材是优良的保温材料，导热系数极低，阻断了热桥。现代木窗的结构又有效地保证了气密性和雨水渗漏性。因此高性能的木窗可以降低 15％的建筑能耗。在寒冷的冬天，采用高性能纯实木窗可以减少热量的传递而降低能耗。

隔声性能好。窗户的隔声性能影响居住者的生活质量和私密性，现代城市的交通噪声和喧哗使窗的隔声性能显得更为重要。室内谈话有时需要保持隐私，所以现代住宅和办公楼对窗户的隔声性能有相当高的要求，现代高性能实木窗隔声性能优良。

使用寿命长。从历史上看，我国古代木结构的门窗，历经几百年沧桑而保存至今的比

图 6-3　新型铝包木门窗

比皆是。从近代来看，20 世纪五六十年代的建筑窗户基本上全是木制的，有些现在仍在继续使用，这充分证明了在正确的结构设计、合理的干燥防腐条件下，保持经常维修和油漆，木窗有很长的使用寿命。

近年来随着材料技术的日新月异，出现了新型的木门窗。新型木门窗主要有纯木门窗和铝包木门窗两种类型。新型的纯木门窗为了保证木门窗不开裂，木材要经过周期式强制循环蒸汽干燥，这种干燥方法虽然成本较高，但品质、强度大为提高，不会开裂变形，更不用担心遭虫咬、被腐蚀，唯一的缺点是造价高。铝包木门窗在室内部分选用优质的木材，室外部分采用铝合金专用模具挤型材，这样的构造使耐久性、密封性更好，如图 6-3 所示。

## 6.2.1　木门窗构造

木窗一般由窗框（窗边框、上框、下框、中竖框、中横框等）、窗扇和五金零件（插销、合叶页等）组成，如图 6-4（a）所示。

木门一般由门框（门樘冒头、门樘边梃、中贯档、门贴脸等）、门扇、五金配件（合页、门锁、闭门器等）等组成，如图 6-4（b）所示。

## 6.2.2　木门窗施工工艺

### 1. 木门窗安装作业条件

（1）加工的门窗各构件已供应到现场，进行了防腐、防蛀处理。

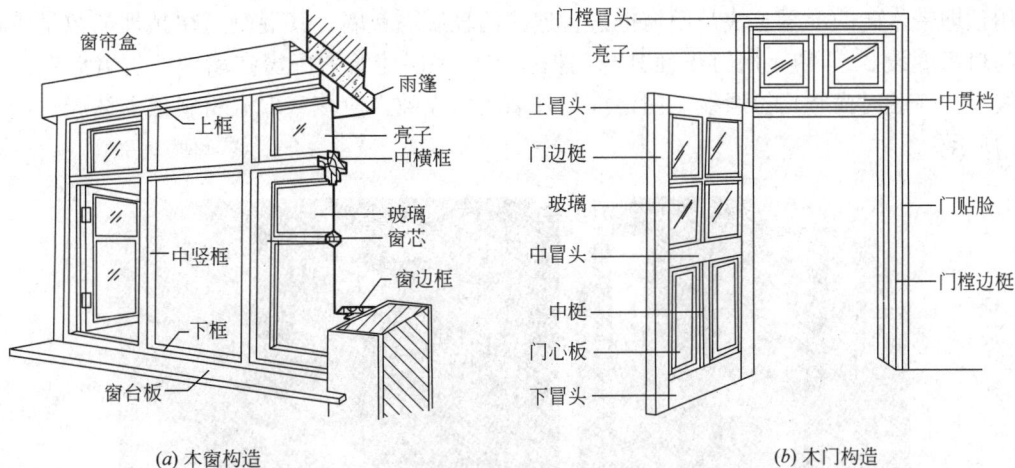

(a) 木窗构造　　　　　　　　　　　　　　(b) 木门构造

图 6-4　木门、木窗构造

（2）结构工程已验收完毕，且质量符合标准要求，室内＋500mm 水平线已弹好。

（3）墙上门窗洞口位置、尺寸留置准确，门窗安装预埋件已通过隐蔽验收。门窗与基层接触部位及预埋木砖都应进行防腐处理，并应设置防潮层。

（4）安装前先检查门窗框和扇有无翘扭、弯曲、窜角（对角线长度不一致）、劈裂、榫槽间结合处松散等情况，如有则应进行修理。

**2. 木门窗安装工艺流程**

木门窗工厂加工制作→进场检验→弹线找规矩→立门窗框→校正→安装门窗扇→门窗小五金安装→涂刷油漆。

**3. 木门窗安装操作要点**

（1）木门窗工厂加工制作。施工现场应提供木门窗加工图，包括尺寸、式样和材料要求等，门窗制作后及时在表面刷一道底子油，门窗框靠墙面一侧应刷防腐涂料。拼装好的成品在明显处编写号码，用楞木四角垫起离地 200～300mm，水平放置并加以覆盖。

（2）进场检验。进场应按有关要求进行检验，木材的含水率符合要求。当采用杨木、桦木、马尾松、木麻黄等易腐朽和易虫蛀的木材时，整个构件均应进行防腐、防蛀处理。

（3）弹线找规矩。结构工程经过监督站验收达到合格后，即可进行门窗安装施工。首先，检查门窗洞口的尺寸、垂直度及木砖数量，如有问题，应事先修理好，如图 6-5 所示。

（4）立门窗框、校正。木门窗框应根据图纸设计位置和室内＋500mm 的水平线确定安装的标高尺寸进行安装。门窗框应用钉子固定在墙内的预埋木砖上，较大的门窗框或硬木门窗框要用

图 6-5　修理门窗洞口

铁件与墙体结合，每边的固定点应不少于两处，其间距应不大于 1.2m，见图 6-6。门窗框与墙体结合时，每一木砖要钉 100mm 长钉子 2 个，保证钉子钉进木砖 50mm 且上下错开。

采用预埋带木砖的混凝土块与门窗框进行连接的轻质隔断墙,其混凝土块预埋的数量应根据门口高度设2~4块,用钉子使其与门框钉牢。多层建筑的门窗在墙中的位置应在同一直线上,安装时横竖均拉通线。门窗框与外墙间的空隙,应填塞保温材料或泡沫胶,如图6-7所示。

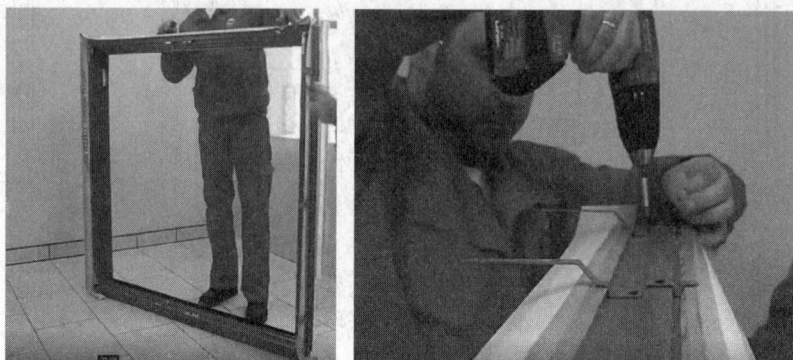

图 6-6　用铁件连接窗框

图 6-7　框与洞口空隙填充泡沫胶

(5)安装门窗扇。安装前检查门窗扇的型号、规格、质量是否符合要求,并量好门窗框的垂直、水平尺寸,然后在相应的扇边上画出相应的规格线。画线后,用粗刨刨去线外部分,再用细刨刨至光滑平直,使其符合设计尺寸要求。将扇放入框中试装合格后,按扇高的 $1/10\sim1/8$,在框上根据合页大小画线,并剔出合页槽,槽深应与合页厚度相适应,槽底要平,如图6-8所示。

(a)　　　　　　　　　　(b)

(c)　　　　(d)　　　　(e)

图 6-8　安装门窗扇

(a)刨平窗扇侧面;(b)画出合页位置;(c)剔出合页安装槽;(d)安装合页;(e)安装门窗扇

（6）门窗小五金安装。门窗小五金包括合页、门锁、拉手、门吸等。门吸俗称门碰，是一种门扇打开后吸住定位的装置，以防止风吹或碰触门扇而关闭，如图6-9所示。小五金安装应符合设计图纸的要求，不得遗漏，一般门锁、碰珠、拉手等距地高度为950～1000mm。安装合页等小五金时，先用锤将木螺钉打入长度的1/3深，然后用改锥将木螺钉拧紧、拧平，严禁直接打入全部深度。采用硬木时，应先钻2/3深度的孔，孔径为木螺钉直径的0.9倍，然后再将木螺钉拧入。

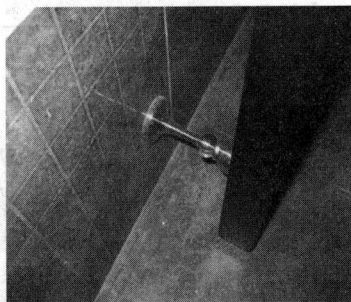

图 6-9　门吸

（7）涂刷油漆。木工制作完成后，油工通过处理基层、打磨、满批腻子、刷漆、复补腻子、打磨油漆面、刷第二第三遍漆膜，完成油漆涂刷。

### 6.2.3　木门套制作与安装

随着建筑装饰等级的提高，室内在安装木质装饰门时越来越多地采用木质门套来美化建筑空间。门套是一种建筑装潢术语，是指门里外两个门框，也有直接称作门框的，其主要作用是固定门扇和保护墙角、装饰等，如图6-10所示。下面我们学习一下门套的制作和安装。

**1. 木门套构造**

木门套的材料一般均为木材，主要用于室内的分户门或大空间内通道门的洞口侧壁（含顶部）包覆及其外口边框装饰处理。木门套分现场制作和工厂定制现场安装两种，构造基本相同，如图6-11所示。除了木材外，还有石材、铝合金、塑钢等材料制作加工的门套。

图 6-10　门套

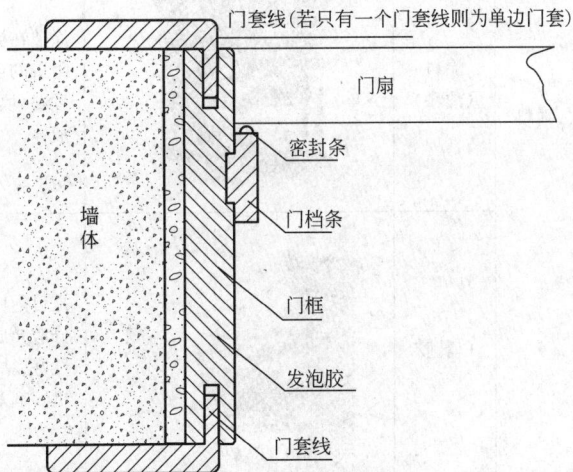

图 6-11　木门套构造

**2. 木门套制作材料**

以现场制作木门套为例，介绍一下需要的材料清单，如表6-5所列。

木门套制作材料清单

表 6-5

| 种类 | 名称 | 图片 | 使用范围 |
|---|---|---|---|
| 主料 | 细木工板 | | 细木工板是指在胶合板生产基础上,以木板条拼接或空心板作芯板,两面覆盖两层或多层胶合板,经胶压制成的一种特殊胶合板,用来制作门套主体结构 |
| | 九厘板 | | 九厘板是胶合板的一种型号,九厘板是指木板的厚度,也就是9mm。九厘板由于是由机器压制而成的,所以表面比较平整,现场制作门套中用来制作子口 |
| | 饰面板 | | 饰面板又称装饰面板、装饰单板贴面胶合板,是将实木精密刨切成厚度为0.2mm以上的薄木皮,然后以胶合板为基材经过胶粘工艺制作而成的具有单面装饰作用的装饰板材 |
| 辅料 | 门套线 | | 门套的压条、卡条等部分,是包裹墙体的柔和性装饰线条 |
| | 涂料(油漆) | | 涂覆在被保护或被装饰的物体表面,并能与被涂物形成牢固附着的连续薄膜,通常是以树脂、油、乳液为主,添加或不添加颜料、填料,添加相应助剂,用有机溶剂或水配制而成的黏稠液体 |
| | 白乳胶 | | 是目前用途最广、用量最大的粘合剂品种之一。它是以水为分散介质进行乳液聚合而得,是一种水性环保胶。具有成膜性好、粘结强度高、固化速度快、使用方便、价格便宜、不含有机溶剂等特点,广泛应用于木材、家具、装修等行业 |

**3. 木门套施工准备工作**

(1) 细木工板、贴面板、门套线等要进行干燥、防火、防腐等前期处理,达到质量要求,具备出厂合格证明。

（2）存放细木工板和贴面板等应该分堆放整齐，保持施工现场整洁。

（3）检查作业条件同木门窗项目。

**4. 木门套施工工艺流程**

门洞口基层处理→制作固定点→下料、固定基层板→调方正→组装并安装门套→贴饰面板→装门套线、收口条→油漆。

**5. 木门套施工操作要点**

（1）门洞口基层处理。基层处理包括弹线分格、墙与门套方、表面平整度处理和基层防潮处理等多项工作。当所有基层做好后要进行防火处理，采用防火涂料涂刷两遍。

（2）制作固定点。在处理好的门洞口放垂线，按照 300mm 的间距确定打眼的距离，电钻打眼下木楔制作固定点，如图 6-12 所示。

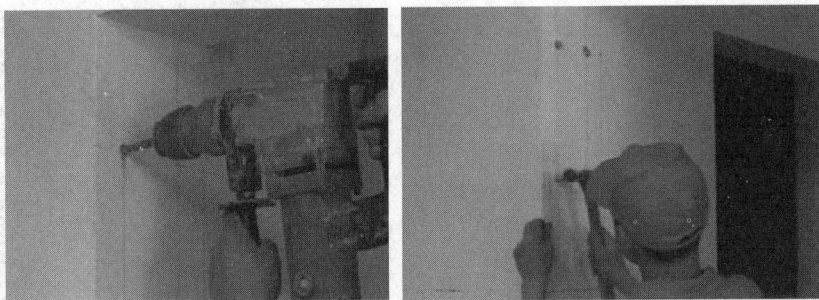

图 6-12　固定点打眼、下木楔

（3）下料、固定基层板。根据门套宽度将细木工板下好料，在安合页的一侧安装基层板，将基层板固定在固定点上，如图 6-13、图 6-14 所示。

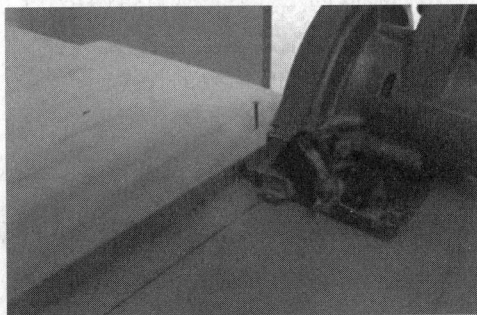

图 6-13　下料　　　　　　　　　　　图 6-14　固定基层板

（4）调方正。装好的基层板调好板边、板面的垂直度，板面垂直通过加木楔的办法。整体垂直后由于板材会有一些韧性，局部会有一些偏差要仔细调整，如图 6-15 所示。

（5）组装并安装门套。将门套的横框与竖框用电钻和自攻螺钉连接牢固，套板之间缝隙要严密、平整、无错位；竖框与横框连接处成 90°角，如图 6-16 所示。组装好门套后安装到门洞口内，固定到预先做好的固定点上，调好门套垂直和方正，如图 6-17 所示。然后安装九厘板的子口如图 6-18 所示。

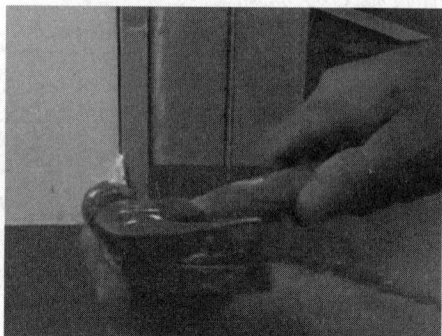

图 6-15　调整板面垂直

图 6-16　组装门套横框与竖框

图 6-17　检查门套方正

图 6-18　安装子口

（6）贴饰面板。将饰面板裁成需要的尺寸，用白乳胶固定好后，气钉枪固定在门套表面，如图 6-19 所示。

（7）装门套线、收口条。根据门洞口的尺寸将门套线加工成需要的长度，转角的地方一般加工成 45°对接，如图 6-20、图 6-21 所示。

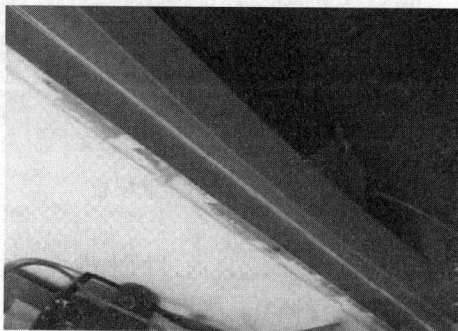

图 6-19　贴饰面板

图 6-20　装门套线

（8）门套油漆。木工制作完成后，油工通过处理基层、打磨、满批腻子、刷漆、复补腻子、打磨油漆面、刷第二第三遍漆膜，完成门套的施工。

在现代室内装修中，很多时候会选择购置成品门及门套，成品门及门套的安装步骤基本同现场制作，只是减少了现场加工、油漆的环节，制作精度更好、效率更高。

图 6-21  收口条

## 6.2.4  木门窗安装工程质量验收

木门窗安装工程质量验收的主控项目与一般项目，平开木门窗安装的留缝限值、允许偏差和检验方法应符合表 6-6、表 6-7 的规定。

木门窗安装工程主控项目与一般项目　　　表 6-6

| | 内容 | 检测方法 |
|---|---|---|
| 主控项目 | 木门窗的品种、类型、规格、尺寸、开启方向、安装位置、连接方式及性能应符合设计要求及国家现行标准的有关规定 | 观察；尺量检查；检查产品合格证书、性能检验报告、进场验收记录和复验报告；检查隐蔽工程验收记录 |
| | 木门窗应采用烘干的木材，含水率及饰面质量应符合国家现行标准的有关规定 | 检查材料进场验收记录，复验报告及性能检验报告 |
| | 木门窗的防火、防腐、防虫处理应符合设计要求 | 观察；检查材料进场验收记录 |
| | 木门窗框的安装应牢固。预埋木砖的防腐处理、木门窗框固定点的数量、位置和固定方法应符合设计要求 | 观察；手扳检查；检查隐蔽工程验收记录和施工记录 |
| | 木门窗扇应安装牢固、开关灵活、关闭严密、无倒翘 | 观察；开启和关闭检查；手扳检查 |
| | 木门窗配件的型号、规格和数量应符合设计要求，安装应牢固，位置应正确，功能应满足使用要求 | 观察；开启和关闭检查；手扳检查 |
| 一般项目 | 木门窗表面应洁净，不得有刨痕和锤印 | 观察 |
| | 木门窗的割角和拼缝应严密平整。门窗框、扇裁口应顺直，刨面应平整 | 观察 |
| | 木门窗上的槽和孔应边缘整齐，无毛刺 | 观察 |
| | 木门窗与墙体间的缝隙应填嵌饱满。严寒和寒冷地区外门窗（或门窗框）与砌体间的空隙应填充保温材料 | 轻敲门窗框检查；检查隐蔽工程验收记录和施工记录 |
| | 木门窗批水、盖口条、压缝条和密封条安装应顺直，与门窗结合应牢固、严密 | 观察；手扳检查 |

平开木门窗安装的留缝限值、允许偏差和检验方法　　　表 6-7

| 项目 | 留缝限值(mm) | 允许偏差(mm) | 检验方法 |
|---|---|---|---|
| 门窗框的正、侧面垂直度 | — | 2 | 1m 垂直检测尺 |
| 框与扇接缝高低差 | — | 1 | 塞尺检查 |
| 扇与扇接缝高低差 | | | |

续表

| 项目 | | 留缝限值(mm) | 允许偏差(mm) | 检验方法 |
|---|---|---|---|---|
| 门窗扇对口缝 | | 1～4 | — | |
| 工业厂房、围墙双扇大门对口缝 | | 2～7 | — | |
| 门窗扇与上框间留缝 | | 1～3 | — | 塞尺检查 |
| 门窗扇与合页侧框间留缝 | | 1～3 | — | |
| 室外门扇与锁侧框间留缝 | | 1～3 | — | |
| 门扇与下框间留缝 | | 3～5 | — | 塞尺检查 |
| 窗扇与下框间留缝 | | 1～3 | — | |
| 双层门窗内外框间距 | | — | 4 | 钢直尺检查 |
| 无下框时门扇与地面间留缝 | 室外门 | 4～7 | — | 钢直尺或塞尺检查 |
| | 室内门 | 4～8 | — | |
| | 卫生间门 | | — | |
| | 厂房大门 | 10～20 | — | |
| | 围墙大门 | — | 2 | |
| 框与扇搭接宽度 | 门 | — | 2 | 钢直尺检查 |
| | 窗 | — | 2 | 钢直尺检查 |

# 6.3 金属门窗工程

金属门窗包括钢门窗、铝合金门窗和涂色镀锌钢板门窗。

钢门窗系采用低碳钢热轧成各种异型材，再经断料、冲孔、焊接并与附件组装等工艺制成的。耐腐蚀性能较好，但是用钢量大、质量重、不经济。通常适用于一般的工业建筑厂房、生产辅助建筑和民用住宅建筑。

涂色镀锌钢板门窗又称"彩板钢门窗""镀锌彩板门窗"，是一种新型的金属门窗。涂色镀锌钢板门窗是以涂色镀锌钢板和4mm厚平板玻璃或双层中空玻璃为主要材料，经过机械加工而制成的，色彩有红色、绿色、乳白、棕、蓝等。其门窗四角用插接件插接，玻璃与门窗交接处以及门窗框与扇之间的缝隙用橡皮密封条和密封胶密封。

铝合金门窗是由铝合金建筑型材制作框、扇结构的门窗。铝合金门窗具有美观、密封、强度高的优点，广泛应用于建筑工程领域。铝合金本身易于挤压，型材的横断面尺寸精确，加工精确度高。

在装饰工程中铝合金门窗应用范围很广，下面我们以铝合金门窗为例进行金属门窗工程的学习。

## 6.3.1 铝合金门窗简介

铝合金门窗是现在市场上比较受欢迎的门窗之一，具有经久耐用、防火耐潮、不易生锈、耐腐蚀、密封性好等优点，一般用于标准较高的建筑中。其缺点就是相对木窗、钢窗来说造价比较高、导热系数偏高。

**1. 铝合金门窗特点**

（1）自重轻，坚固耐用。铝合金门窗比钢门窗轻50％左右；比木门窗耐腐蚀，不易腐朽，其氧化着色层不脱落、不褪色，经久耐用。

（2）密封性能好。铝合金门窗的气密性高，水密性及隔声性能都比钢门窗要好。

（3）色泽光洁美观。铝合金门窗的框料，经氨化着色处理，可着银白色、古铜色、暗红色等多种颜色，并可着上带色的花纹。用其制成的铝合金门窗，外观漂亮、表面光洁、色泽艳丽牢固，增强了室内外立面的装饰效果。

**2. 铝合金门窗构造**

铝合金门窗主要包含铝合金型材、玻璃、五金几个组成部分。目前，使用较广泛的铝合金平开窗型材有38系列、50系列铝合金型材。所谓"38""50"，指的是铝合金型材主框架的宽度分别是38mm、50mm等，见图6-22。

铝合金平开窗型材的直角对接槽榫如图6-23所示，铝合金平开窗安装节点如图6-24所示，普通铝合金平开窗组合节点如图6-25所示。

图 6-22　50系列铝合金型材

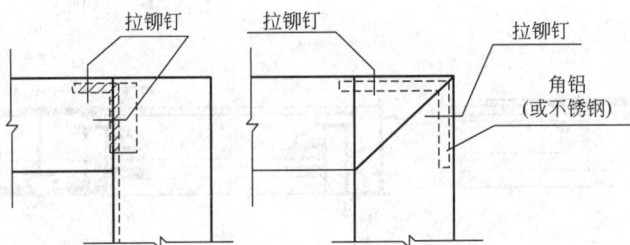

图 6-23　直角对接槽榫示意图

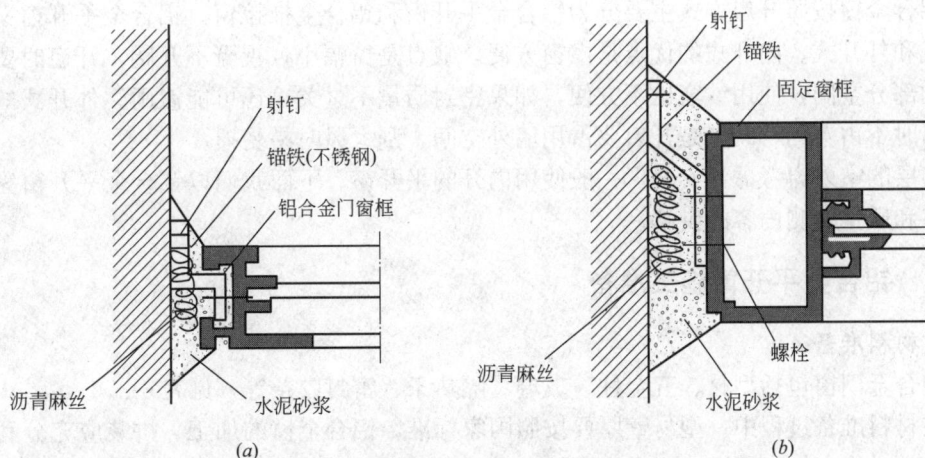

图 6-24　铝合金平开窗安装节点

（a）窗框安装；（b）固定扇框安装

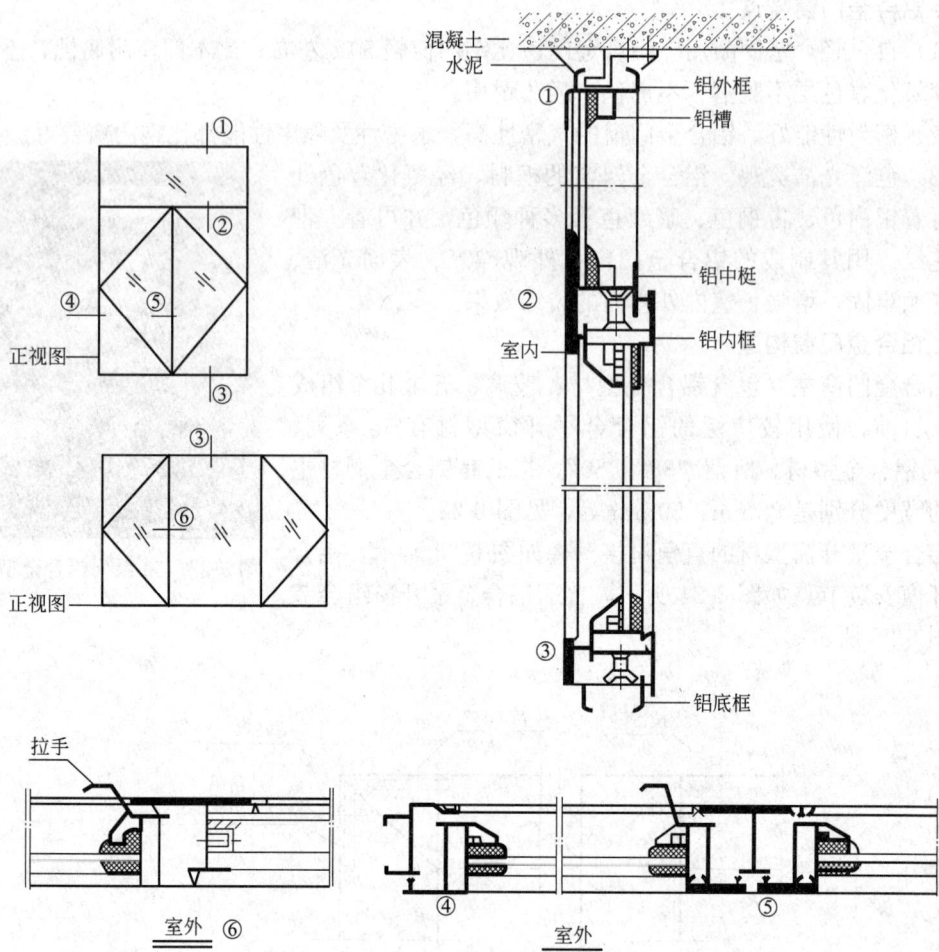

图 6-25 普通铝合金平开窗组合节点

铝合金窗按照开启方式主要分为铝合金平开窗和铝合金推拉窗。铝合金平开窗又分为内开式和外开式。内开式的优点是擦窗方便，缺点是窗幅小，视野不开阔，开启时要占去室内的部分空间，使用纱窗也不方便，如果密封质量不过关，还可能渗雨。外开式的优点是开启时不占空间，缺点是开启要占用墙外空间，刮大风时易受损。

高层的室外窗考虑到安全，一般使用内开的平开窗。下面我们以铝合金平开窗为例进行施工和质量检测内容的讲解。

## 6.3.2 铝合金平开窗施工准备

### 1.材料准备

铝合金门窗包括型材、五金件、玻璃、隔热条、密封胶条等，见表 6-8。

在材料准备过程中，型材壁厚要按照国家标准，铝合金窗的加工、拼装应充分利用机械化生产，提高加工精度。铝合金窗的规格型号应符合设计要求，五金配件配套齐全，并具有出厂合格证、材质检验报告书并加盖厂家印章。防腐材料、填缝材料、密封填料、连接件等应符合设计要求和有关标准的规定。

**铝合金平开窗材料清单**　　　　　　　　　　　表 6-8

| 名称 | 图片 | 使用范围 |
|---|---|---|
| 型材 | | 指用于制作铝合金门窗的特制金属材料。铝合金门窗型材规格主要有 35 系列、38 系列、40 系列、50 系列、60 系列、70 系列、90 系列等 |
| 五金件 | | 安装在铝合金门窗上的各种金属和非金属配件的总称，是决定门窗性能的关键性部件，包括：把手、合页、锁、风撑等。五金配件是负责将门窗框和扇紧密连接的部件，对门窗各项性能有着重要影响 |
| 钢化玻璃 | | 铝合金门窗的玻璃一般是钢化玻璃，有保温要求的北方一般选用中空玻璃。钢化玻璃是利用加热到一定温度后迅速冷却的方法或是化学方法进行特殊处理的玻璃，因此强度高、抗弯曲强度、耐冲击强度比普通平板玻璃高 3~5 倍 |
| 中空玻璃 | | 中空玻璃具有保温节能、隔声以及防霜露的功能。即使室外气温在 −30℃ 以下，而室内温度达 18℃，相对湿度达到 85％ 以上，夹层中也不会结霜而影响视线和采光 |
| 隔热条 | | 是铝型材中热量传递路径上的"断桥"，减少热量在铝型材部位的传递。又是隔热型材中两侧铝型材的结构连接件，通过它的连接使得隔热型材成为一个整体，共同承受荷载。它与胶条不同，是通过机械滚压制成新的复合材料，不能单独更换 |
| 密封胶条 | | 也称为"压条"，是用于密封窗框与窗扇之间的缝隙 |
| 玻璃嵌条 | | 用于玻璃和窗扇及窗框之间的密封 |

续表

| 名称 | 图片 | 使用范围 |
|---|---|---|
| 玻璃垫块 |  | 安装玻璃时用玻璃垫块垫住或挤紧玻璃,不让它左右晃动,然后打胶密封 |
| 泡沫填缝剂 |  | 是一种单组分、湿气固化、多用途的发泡填充弹性密封材料。施工时通过配套施胶枪或手动喷管将气雾状胶体喷射至待施工部位,短期完成成型、发泡、粘结和密封过程。其固化泡沫弹性体具有粘结、防水、耐热胀冷缩、隔热、隔声甚至阻燃等优良性能,广泛用于建筑门窗边缝、构件伸缩缝及孔洞处的填充密封 |
| 防水密封膏 |  | 用来填充空隙(孔洞、接头、接缝等)的材料,兼备粘接和密封两大功能。一般呈膏状,可挤出或涂抹施工。嵌填垂直接缝和顶缝不流淌,有抗性。固化后的胶层为橡胶状,有弹性。对金属、橡胶、木材、水泥构件、陶瓷、玻璃等有粘附性 |

**2. 机具准备**

铝合金平开窗的安装需要的机具和材料包括:冲击钻、手电钻、铁锤、扳手、螺丝刀、钢锯、钳子、量具(卷尺、水平尺、线垂)等,见表 6-4。塑料涨塞、自攻螺钉等,如图 6-27 所示。

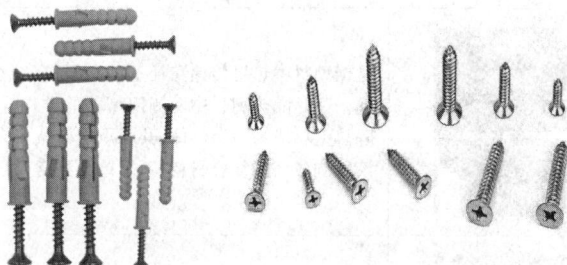

图 6-27　塑料涨塞和自攻螺钉

**3. 作业条件**

新建工程经结构质量验收合格,工种之间办好交接;按设计图将门窗的中线弹好,并弹好室内+500mm 水平控制线,检查校核门窗洞口位置尺寸以及标高是否符合设计要求;检查核对门窗数量、尺寸、安装位置并进行编号;将门窗口的杂物清理干净。

## 6.3.3　铝合金平开窗安装施工工艺

铝合金窗外观质量要求型材表面光滑,不应有影响使用的伤痕、凹凸、裂纹杂质等缺陷,型材色泽应均匀一致。

**1. 铝合金平开窗安装工艺流程**

弹线找规矩→窗洞口处理→打孔、设连接点→窗框就位和临时固定→窗框固定→窗框边填缝、嵌密封条→固定玻璃安装→平开扇安装→安装五金配件→清理、成品保护。

**2. 铝合金平开窗安装施工操作要点**

（1）弹线找规矩。按照设计要求在窗洞口弹出窗位置线（包括门窗左右位置线、进出位置线和标高线），见图 6-28。同一立面的窗在水平及垂直方向应做到整齐一致。

（2）窗洞口处理。将门窗的各边控制线弹出后，按照设计的窗口尺寸进行校核，对不满足要求的洞口必须先处理并将洞口侧壁清理干净。

（3）打孔、设连接点。按照图纸要求组装好铝合金窗框，组装好的窗框如图 6-29 所示。如果外侧使用连接件，要预先安装好连接件。连接件的数量应根据厂家设计要求和施工规范要求。连接件的厚度不应小于 1.5mm，并且连接件也应是镀锌防腐处理，在型材上打孔用自攻螺丝固定。

图 6-28　铝合金平开窗弹线

图 6-29　组装铝合金窗框

（4）窗框就位和临时固定。将窗框放入洞口的安装线位置，见图 6-30。调整框四周间隙均匀并校正正面、侧面的垂直度、水平度以及对角线，合格后用木楔固定牢固。注意木楔应塞在边框、中竖框、中横框的受力部位，防止门窗变形。

（5）窗框固定。窗框和窗洞口之间的固定方法有两种：一是用自攻螺钉将连接件固定在窗框上，沿窗框用射钉或膨胀螺栓将连接件与墙体固定，要求固定在混凝土垫块上，见图 6-31；二是在墙上打孔用塑料膨胀螺栓固定，见图 6-32，窗框上的孔要用专用孔盖遮

图 6-30　铝合金窗框就位

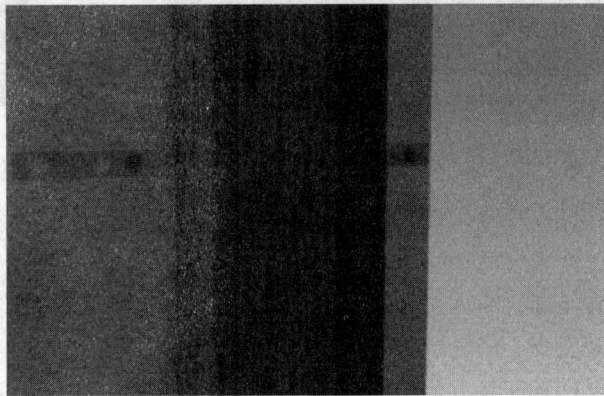

图 6-31　连接件固定

盖。所有固定方式的固定点按照设计和规范要求设置，每边不得少于两个。固定完成后要用水平仪或水平尺等检测窗框是否垂直和水平，见图 6-33。

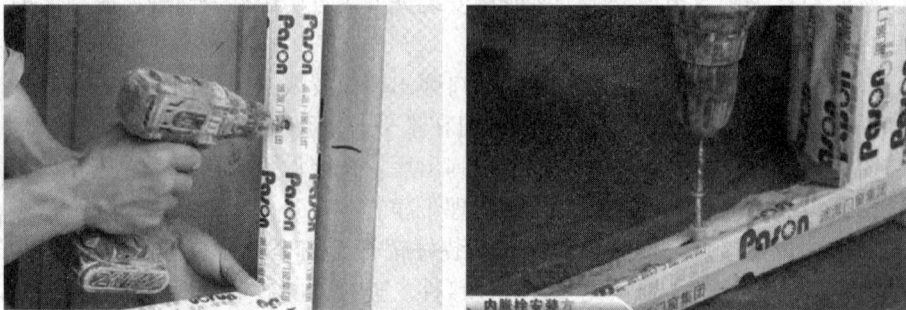

图 6-32　膨胀螺钉固定

图 6-33　水平仪检查窗框垂直和水平度

（6）窗框边填缝、嵌密封条。在门窗收口抹灰前把木楔去除，在空隙内塞入矿棉板、泡沫塑料条或泡沫胶、专用水泥砂浆等材料填充，如图 6-34 所示。在窗框与墙体缝隙内外表面用密封膏嵌实，连接件处也必须注意密实，不露出缝隙中软质材料。

（7）固定玻璃安装。缝隙里的砂浆或泡沫胶干透后进行固定玻璃的安装。清洁铝框和玻璃，然后将玻璃安装到铝框上。在给玻璃打胶固定前，清洁好玻璃和铝材表面，保证密封胶和玻璃、铝材有良好的连接，如图 6-35 所示。

图 6-34　窗框填缝

图 6-35　固定玻璃打胶固定

（8）平开扇安装。使用专用的五金配件进行门窗扇的安装。平开窗扇装配后应关闭严密、开关灵活、间隙均匀，并开关轻便，如图 6-36 所示。门窗的五金配件应安装齐全，位置正确、牢固、方便使用，门窗装配玻璃时必须加设橡胶垫块。固定玻璃的橡胶嵌条应安装整齐、嵌缝严密，搭接处应用胶粘结。

（9）安装五金配件。用镀锌螺钉将插销、锁、执手等五金件与铝合金平开窗连接，保证结实牢固，使用灵活。

（10）清理、成品保护。门窗口抹灰、刷涂料时注意保护框表面保护膜不能随意撕破，如框上沾上水泥浆，应立即用软布抹洗干净。粉刷完毕后应及时清除框槽口内的砂浆渣，在墙面涂料等面层施工完毕后，将表面的污染物清理干净。另外外墙面抹灰时必须注意不能将窗框外侧的排水孔封堵。工程交工时将面层的保护膜全部清除。

图 6-36  安装开启扇

**3. 金属门窗成品保护**

（1）金属门窗运输时要轻拿轻放，并采取保护措施，避免碰撞、摔压，防止损坏变形。铝合金门窗运输时应妥善捆扎，樘与樘之间用非金属软质材料隔垫开。

（2）门窗进场后，应按规格、型号分类堆放，底层应垫平、垫高，露天堆放应用塑料布遮盖好，不得乱堆乱放，防止钢门窗变形及生锈。铝合金门窗进场后，应在室内竖直排放，产品不得接触地面，底部用枕木垫平高于地面 100mm 以上，严禁与酸、碱性材料一起存放，室内应清洁、干燥、通风。

（3）严禁以门窗为支点，在门窗框和窗扇上支承各类架板，防止门窗移位和变形。铝合金门窗框定位后，不得撕掉保护胶带或包扎布。在填嵌缝隙需要撕掉时，切不可用刀等硬物刮撕以免划伤铝合金表面。拆架子时，应将开启的门窗关好后再落架子，防止撞坏金属门窗。禁止人员踩踏门窗，不得在门窗框架上悬挂重物，经常出入的门洞口，应及时用木板将门框保护好，防止门窗受损变形破坏。

（4）墙体粉刷完毕后，应及时清除残留在金属门窗框、扇上的砂浆并清理干净。

## 6.3.4  铝合金门窗安装工程质量验收

金属门窗安装工程的主控项目和一般项目及铝合金门窗安装的留缝限值、允许偏差和检验方法见表 6-9、表 6-10。

金属门窗安装工程主控项目与一般项目                表 6-9

| | 内容 | 检测方法 |
|---|---|---|
| 主控项目 | 金属门窗的品种、类型、规格、尺寸、性能、开启方向、安装位置、连接方式及门窗的型材壁厚应符合设计要求及国家现行标准的有关规定。金属门窗的防雷、防腐处理及填嵌、密封处理应符合设计要求 | 观察；尺量检查；检查产品合格证书、性能检验报告、进场验收记录和复验报告；检查隐蔽工程验收记录 |
| | 金属门窗框和附框的安装应牢固。预埋件及锚固件的数量、位置、埋设方式、与框的连接方式应符合设计要求 | 手扳检查；检查隐蔽工程验收记录 |
| | 金属门窗扇应安装牢固、开关灵活、关闭严密、无倒翘。推拉门窗扇应安装防止扇脱落的装置 | 观察；开启和关闭检查；手扳检查 |
| | 金属门窗配件型号、规格、数量应符合设计要求，安装应牢固，位置应正确，功能应满足使用要求 | 观察；开启和关闭检查；手扳检查 |

续表

| 内容 | 检测方法 |
|---|---|
| 金属门窗表面应洁净、平整、光滑、色泽一致，应无锈蚀、擦伤、划痕和碰伤。漆膜或保护层应连续。型材的表面处理应符合设计要求及国家现行标准的有关规定 | 观察 |
| 金属门窗推拉门窗扇开关力不应大于50N | 用测力计检查 |
| 金属门窗框与墙体之间的缝隙应填嵌饱满，并应采用密封胶密封。密封胶表面应光滑、顺直、无裂纹 | 观察；轻敲门窗框检查；检查隐蔽工程验收记录 |
| 金属门窗扇的密封胶条或密封毛条装配应平整、完好，不得脱槽，交角处应平顺 | 观察；开启和关闭检查 |
| 排水孔应畅通，位置和数量应符合设计要求 | 观察 |

一般项目（左侧竖列）

铝合金门窗安装的留缝限值、允许偏差和检验方法　　表 6-10

| 项目 | | 允许偏差(mm) | 检验方法 |
|---|---|---|---|
| 门窗槽口宽度、高度 | ≤2000mm | 2 | 用钢卷尺检查 |
| | >2000mm | 3 | |
| 门窗槽口对角线长度差 | ≤2500mm | 4 | 用钢卷尺检查 |
| | >2500mm | 5 | |
| 门窗框的正、侧面垂直度 | | 2 | 用1m垂直检测尺检查 |
| 门窗横框的水平度 | | 2 | 用1m水平尺和塞尺检查 |
| 门窗横框标高 | | 5 | 用钢卷尺检查 |
| 门窗竖向偏离中心 | | 5 | 用钢卷尺检查 |
| 双层门窗内外框间距 | | 4 | 用钢卷尺检查 |
| 推拉门窗扇与框搭接宽度 | 门 | 2 | 用钢直尺检查 |
| | 窗 | 1 | |

# 6.4 塑料门窗工程

## 6.4.1 塑料门窗简介

塑料门窗通常俗称"塑钢门窗"，基材为聚氯乙烯（PVC）型材为主要原料的内部衬有增强型钢制作而成的门窗。

塑料门窗既具有铝合金门窗的外观美，又具有钢窗的强度，具有抗风、防水、保温等良好特性，同时因为价格适中，因此也是装饰装修市场上常见的门窗类型，见图6-37。

图 6-37　塑料门窗

**1. 塑料门窗特点**

（1）节能。塑料窗比其他窗在节能和改善室内热环境方面，有更为优越的技术特性，塑钢窗有很好的节能效益。

（2）隔声性能好。塑料窗隔声好，钢铝窗的隔声性能约为 19 分贝，塑料窗的隔声性能可达到 30 分贝以上。由于经济的发展，城市噪声问题越来越严重，而塑料窗对于改善人们居住和工作的声环境质量提供较大贡献。

（3）耐腐蚀。可用在沿海、化工厂等腐蚀环境中，普通用户使用也能减少维护油漆的人工和费用。

（4）成本低。塑料窗和铝合金窗相比，同等使用效能的塑料窗比铝合金节省成本 30％～60％，这是塑料窗得以普及的最主要原因。

**2. 塑料门窗构造**

塑料门窗构造与其他门窗基本相同，由门窗框和门窗扇组成。本小节我们主要以推拉窗为例进行施工讲解，塑料推拉窗的构造如图 6-38 所示。

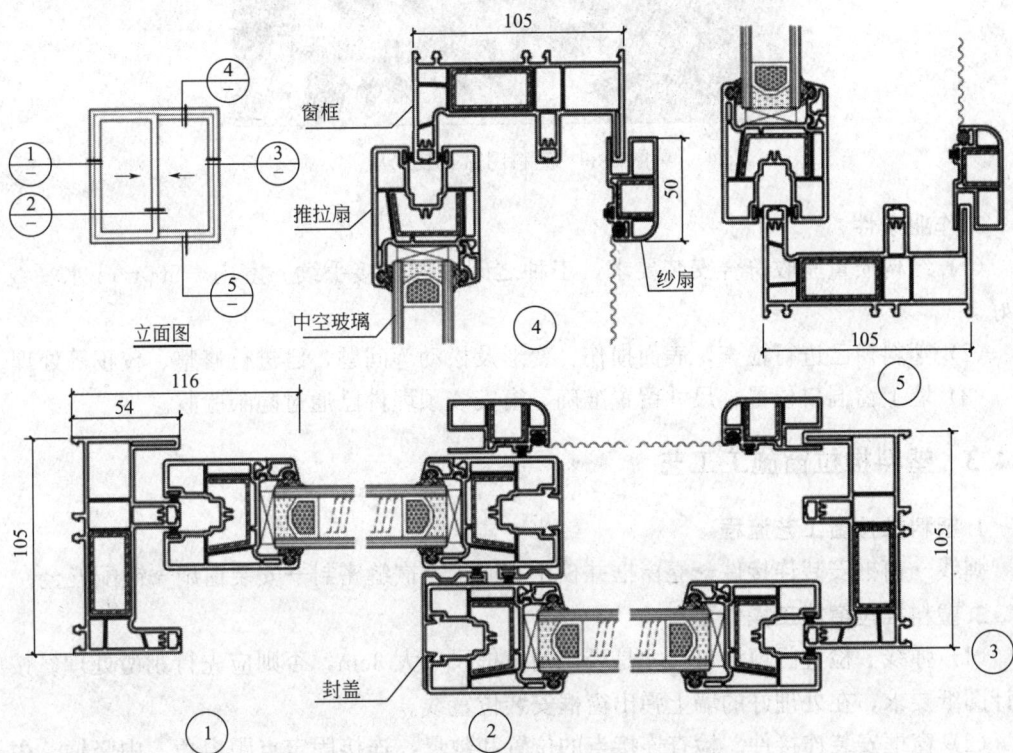

图 6-38　塑料推拉窗构造

## 6.4.2　塑料推拉窗施工准备

**1. 材料要求**

（1）塑料门窗的品种、规格、型号和数量应符合设计要求。

（2）门窗进场应提供产品合格证，外观质量检查不得有开焊、断裂、变形等损坏现象。外观、外形尺寸、装配质量、力学性能应符合国家现行标准的有关规定。

（3）增强型钢应与型材内腔尺寸相一致，其长度以不影响端头的焊接为宜。用于固定每根增强型钢的紧固件不得少于 3 个，固定后的增强型钢不得松动。

（4）装玻璃时，在玻璃四周必须配防震垫块，其要求应符合国家有关标准。

（5）窗的表面应平滑，颜色应基本均匀一致，无裂纹、无气泡、焊缝平整，不得有影响使用的伤痕、杂质等缺陷。

**2. 机具准备**

塑料门窗的安装工具包括电钻、拉铆枪、电动螺丝刀、打胶枪、水平尺等，如图 6-39 所示。

图 6-39 塑料门窗安装工具

**3. 作业条件**

（1）结构质量验收符合安装要求，工种之间办好交接手续。室内＋500mm 水平线已弹好。

（2）塑料窗已进行检查，表面损伤、变形及松动等问题，已进行修整、校正等处理。

（3）墙上窗洞口位置、尺寸留置准确，窗安装预埋件已通过隐蔽验收。

## 6.4.3 塑料推拉窗施工工艺

**1. 塑料推拉窗工艺流程**

弹线→窗框安装连接件→立窗框并校正、固定→嵌缝密封→安装窗扇→镶配五金。

**2. 塑料推拉窗施工操作要点**

（1）弹线。检查门窗洞口尺寸是否比门窗框尺寸大 3cm，否则应先行剔凿处理。按照设计图纸要求，在处理好的墙上弹出窗框安装位置线。

（2）窗框安装连接件。检查连接点的位置和数量：连接固定点距窗角、中竖框、中横框不应大于 150mm，固定点之间的间距不应大于 600mm，不得将固定片直接安装在中横框、中竖框的挡头上。塑料门窗固定点位置及要求如图 6-40 所示。

（3）立窗框并校正、固定。塑料窗框放入洞口内，按已弹出的水平线、垂直线位置，校正其垂直、水平、对中、内角方正等，符合要求后，用木楔将窗框的上下框四角及中横框的对称位置及中央塞紧作临时固定。将塑料窗框上已安装好的连接件（固定片）与洞口的四周固定。先固定上框，后固定边框，每个连接件的伸出端不得少于两只螺钉固定，固定方法如图 6-41 所示。

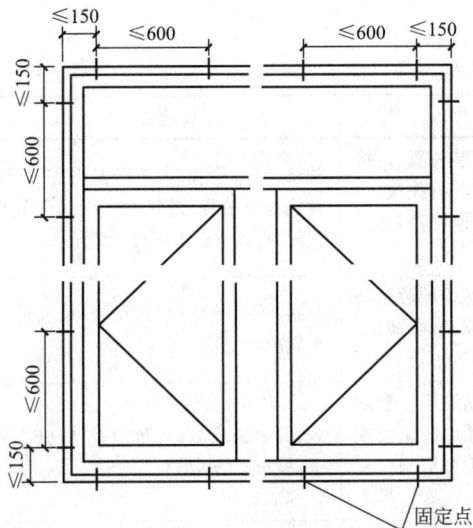

图 6-40　塑料窗固定点位置及要求

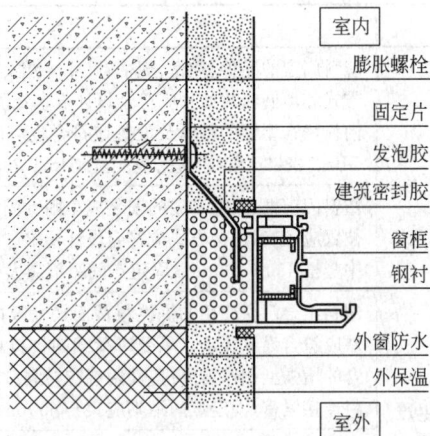

图 6-41　塑料窗框连接方式

（4）嵌缝密封。卸下木楔，清除墙面和边框上的浮灰。门窗框与墙体的缝隙应按设计要求材料嵌缝，如设计无要求时用沥青麻丝或泡沫塑料填实。表面用厚度为 5～8mm 的密封胶封闭。注密封胶时墙体需干净、干燥，室内外的周边均须注满、打匀，注密封胶后应保持 24 小时不得见水。

（5）安装窗扇。推拉窗由于窗扇与框不连接，因此对可拆卸的推拉扇，应先安装好玻璃后再安装门窗扇。玻璃不得与玻璃槽直接接触，应在玻璃四边垫上不同厚度的玻璃垫块。边框上的垫块应用聚氯乙烯胶加以固定。将玻璃装入框扇内，然后用玻璃压条将其固定。安装玻璃及压条如图 6-42、图 6-43 所示，安装好窗扇玻璃后则将扇安装到框内。

图 6-42　安装玻璃

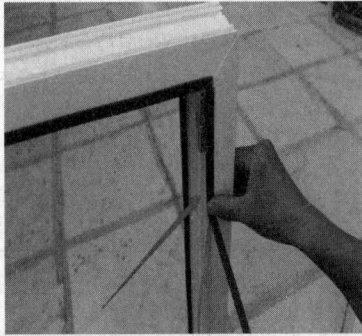

图 6-43　安装压条

（6）镶配五金。门窗扇安装后应及时安装五金配件，五金配件应安装牢固，位置正确，开关灵活。关窗锁门，以防风吹损坏门窗。

## 6.4.4　塑料门窗安装工程质量验收

塑料门窗安装工程质量验收主控项目与一般项目、塑料门窗安装的允许偏差和检验方法应符合表 6-11、表 6-12 的规定。

**塑料门窗安装工程的主控项目与一般项目**　　　　　表 6-11

| | 内容 | 检测方法 |
|---|---|---|
| 主控项目 | 塑料门窗的品种、类型、规格、尺寸、性能、开启方向、安装位置、连接方式和填嵌密封处理应符合设计要求及国家现行标准的有关规定，内衬增强型钢的壁厚及设置应符合现行国家标准《建筑用塑料门》GB/T 28886 和《建筑用塑料窗》GB/T 28887 的规定 | 观察;尺量检查;检查产品合格证书、性能检验报告、进场验收记录和复验报告;检查隐蔽工程验收记录 |
| | 塑料门窗框、附框和扇的安装应牢固。固定片或膨胀螺栓的数量与位置应正确，连接方式应符合设计要求。固定点应距角、中横框、中竖框 150~200mm，固定点间距不应大于 600mm | 观察;手扳检查;尺量检查;检查隐蔽工程验收记录 |
| | 塑料组合门窗使用的拼樘料截面尺寸及内衬增强型钢的形状和壁厚应符合设计要求。承受风荷载的拼樘料应采用与其内腔紧密吻合的增强型钢作为内衬，其两端应与洞口固定牢固。窗框应与拼樘料连接紧密，固定点间距不应大于 600mm | 观察;手扳检查;尺量检查;吸铁石检查;检查进场验收记录 |
| | 窗框与洞口之间的伸缩缝内应采用聚氨酯发泡胶填充，发泡胶填充应均匀、密实。发泡胶成型后不宜切割。表面应采用密封胶密封。密封胶应粘结牢固，表面应光滑、顺直、无裂纹 | 观察;检查隐蔽工程验收记录 |
| | 滑撑铰链的安装应牢固，紧固螺钉应使用不锈钢材质。螺钉与框扇连接处应进行防水密封处理 | 观察;手扳检查;检查隐蔽工程验收记录 |
| | 推拉门窗扇应安装防止扇脱落的装置 | 观察 |
| | 门窗扇关闭应严密，开关应灵活 | 观察;尺量检查;开启和关闭检查 |
| | 塑料门窗配件的型号、规格和数量应符合设计要求，安装应牢固，位置应正确，使用应灵活，功能应满足各自使用要求。平开窗扇高度大于 900mm 时，窗扇锁闭点不应少于 2 个 | 观察;手扳检查;尺量检查 |
| 一般项目 | 安装后的门窗关闭时，密封面上的密封条应处于压缩状态，密封层数应符合设计要求。密封条应连续完整，装配后应均匀、牢固，应无脱槽、收缩和虚压等现象;密封条接口应严密，且应位于窗的上方 | 观察 |
| | 塑料门窗扇的开关力应符合下列规定:<br>1)平开门窗扇平铰链的开关力不应大于 80N;滑撑铰链的开关力不应大于 80N，并不应小于 30N;<br>2)推拉门窗扇的开关力不应大于 100N | 观察;用测力计检查 |
| | 门窗表面应洁净、平整、光滑，颜色应均匀一致。可视面应无划痕、碰伤等缺陷，门窗不得有焊角开裂和型材断裂等现象 | 观察 |
| | 旋转窗间隙应均匀 | 观察 |
| | 排水孔应畅通，位置和数量应符合设计要求 | 观察 |

**塑料门窗安装的允许偏差和检验方法**　　　　　表 6-12

| 项目 | | 允许偏差(mm) | 检验方法 |
|---|---|---|---|
| 门、窗框外形(高、宽)尺寸长度差 | ≤1500mm | 2 | 用钢卷尺检查 |
| | >1500mm | 3 | |
| 门、窗框两对角线长度差 | ≤2000mm | 3 | 用钢卷尺检查 |
| | >2000mm | 5 | |

续表

| 项目 | | 允许偏差（mm） | 检验方法 |
|---|---|---|---|
| 门、窗框（含拼樘料）正、侧面垂直度 | | 3 | 用 1m 垂直检测尺检查 |
| 门、窗框（含拼樘料）水平度 | | 3 | 用 1m 水平尺和塞尺检查 |
| 门、窗下横框的标高 | | 5 | 用钢卷尺检查，与基准线比较 |
| 门、窗竖向偏离中心 | | 5 | 用钢卷尺检查 |
| 双层门、窗内外框间距 | | 4 | 用钢卷尺检查 |
| 平开门窗及上悬、下悬、中悬窗 | 门、窗扇与框搭接宽度 | 2 | 用深度尺或钢直尺检查 |
| | 同樘门、窗相邻扇的水平高度差 | 2 | 用靠尺和钢直尺检查 |
| | 门、窗框扇四周的配合间隙 | 1 | 用楔形塞尺检查 |
| 推拉门窗 | 门、窗扇与框搭接宽度 | 2 | 用深度尺或钢直尺检查 |
| | 门、窗扇与框或相邻扇立边平行度 | 2 | 用钢直尺检查 |
| 组合门窗 | 平整度 | 3 | 用 2m 靠尺和钢直尺检查 |
| | 缝直线度 | 3 | 用 2m 靠尺和钢直尺检查 |

**【单元总结】**

门窗在建筑领域属于外围的围护结构，门窗安装涉及整个建筑物的许多方面，对整个建筑物的性能有很大的影响。从规模上说，普通住宅类门窗面积占修建面积的 15% 左右，部分别墅项目的门窗面积占建筑面积的比例高达 35%。随着我国门窗技术的发展和对门窗节能密封方面的要求进一步提高，门窗安装的重要性将更加突显。因此只有具备了一套完整系统的安装工艺和质量检验标准，才能保证门窗的安装质量，门窗的各项物理性能才能得以保证。

**【技能训练】**木门安装实训

任务书
1. 将学生 4~5 人划分为一组。
2. 每一组学生选择一种木门进行安装。
3. 检查预埋件与门框、扇（实训室已有实物）。
4. 安装玻璃，安装密封胶条。
5. 完成后，按照施工验收规范自检，写出验收报告。

**【思考及练习】**

1. 简答题
（1）简述木门窗施工工艺。
（2）简述铝合金平开窗施工工艺。
（3）简述塑料推拉窗施工工艺。
2. 填空题
（1）门窗一般由_____、_____、_____、_____等部件组合而成。
（2）铝合金窗的水平位置应以楼层室内_____mm 的水平线为准向上反量出窗下皮标高，弹线找直。

# 教学单元 7　厨卫工程

## 【教学目标】

1. 知识目标
- 了解厨卫常用设备的功能和特征;
- 掌握主要厨卫设备安装步骤和注意事项。

2. 能力目标
- 能够在施工操作中认识和正确操作相关的施工机具;
- 具备检测厨卫设备安装质量的能力。

## 【思维导图】

```
                                    ┌─── 厨房设备
                      ┌── 厨房工程 ──┤
                      │             └─── 橱柜
          厨卫工程 ──┤
                      │             ┌─── 常用卫浴设备
                      └── 卫浴工程 ──┤
                                    └─── 卫浴设备安装注意事项
```

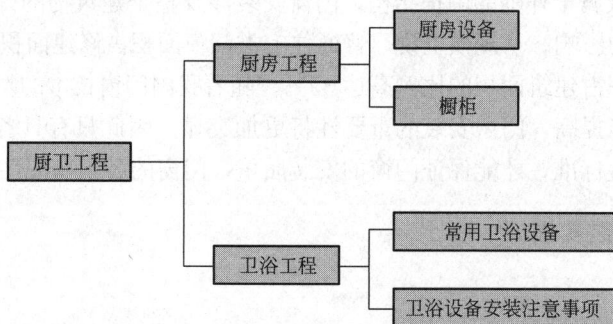

厨房和卫生间在装饰工程中虽然面积不大,但其中设备管线众多,功能错综复杂,因此厨卫工程需要在有限的空间内解决基本的管道与设备,在施工工艺方面主要侧重于现场的组装。

本单元我们主要通过学习橱柜、洗面盆、淋浴间等典型厨卫设备的安装施工,从而更好地了解厨卫工程。

# 7.1　厨房工程

## 7.1.1　认识厨房工程

"民以食为天",在家装和餐饮类工装的设计和施工中,厨房工程是其中重要部分。厨房工程是集储藏、清洗、烹饪、冷冻、上下供排水等功能为一体,以橱柜为基础,按照消费者的自身需求进行合理配置的厨房整体产品。

厨房按其归属分为家用厨房和公用厨房,见图 7-1、图 7-2。家用厨房面积小,流程相对简单，但随着生活水平的普遍提高，厨房设备的种类也在增加。公用厨房包括专用食堂和营业餐厅的厨房，它们在橱柜、厨具、厨用电器的种类和数量等方面更加复杂。下面的内容以家用厨房工程为主，涉及厨房设备和橱柜的安装。

图 7-1　家用厨房

图 7-2　公用厨房

## 7.1.2　厨房设备

电器设备是实现厨房各项功能的关键，设备的位置选择往往就决定了功能分区的位置及形式。厨房主要分为储藏区、清洗区、切菜备菜区、烹饪区、备餐区六大区域，不同区域有着不同的厨房设备。

**1. 常用厨房设备**

厨房应设置洗涤池、案台、炉灶及排油烟机等设施或预留位置。随着人们生活水平的提高，除了这些必备的设备外，还会根据业主的饮食偏好和生活习惯配置烤箱、洗碗机、消毒柜等一些厨房设备，见表 7-1。

常用厨房设备　　　　　　　　　　　　　　　表 7-1

| 设备 | 图片 | 功能 |
| --- | --- | --- |
| 洗涤盆 |  | 用于清洗蔬菜、水果、餐具等的水盆，有单槽、双槽。主要材质为不锈钢，还有黄铜、陶瓷等 |
| 炉灶 |  | 炉具的总称，指用以烹饪的供热设备，分固定和移动两类。根据使用的热源又分为燃气灶、电磁灶等 |
| 排油烟机 |  | 一种净化厨房环境的厨房电器，主要分有顶吸式和侧吸式两种。安装在炉灶上方，能将炉灶燃烧的油烟迅速抽走排至室外，减少室内污染，净化空气，是现代厨房必不可少的厨房设备 |

| 设备 | 图片 | 功能 |
|------|------|------|
| 电烤箱 | | 电烤箱是利用电热元件所发出的辐射热来烘烤食品的电热器具,可以制作烤鸡、烤鸭、烘烤面包、糕点等 |
| 洗碗机 | | 洗碗机是用来自动清洗碗、筷、盘、碟、刀、叉等餐具的设备,小型洗碗机已经逐渐进入普通家庭 |
| 消毒柜 | | 通过紫外线、远红外线、高温、臭氧等方式,给食具、餐具,进行烘干、杀菌消毒、保温除湿的工具,外形一般为柜箱状,柜身大部分材质为不锈钢 |
| 净水器 | | 也叫净水机、水质净化器,是按对水的使用要求对水质进行深度过滤、净化处理的水处理设备 |
| 小厨宝 | | 专为整体橱柜设计的电热水器,安装在洗涤盆下面的空间里,可以随时提供热水 |
| 冰箱 | | 是保持恒定低温的一种制冷设备,能使食物或其他物品保持恒定低温冷态的电器产品,根据容量分为单门、双门、三门等样式 |
| 燃气表 | | 人们日常做饭用的燃料多为天然气和煤气等清洁能源,燃气表有自动累计功能,可以显示消耗燃气的立方米数 |

除此之外,还有很多常用的小家电:电饭煲、微波炉、面包机、豆浆机、搅拌机、榨汁机等。在厨房这个"麻雀虽小五脏俱全"的空间里,水、电、气等设备和管线错综复杂,所以设计和施工的时候都不能掉以轻心。

**2. 厨房设备安装注意事项**

厨房设备的布置应当方便使用者的操作，符合备-洗-切-炒-装的炊事流程。除此之外，设备安装时还要注意以下事项：

（1）厨房工程使用的材料、设备及配件，应符合设计要求，且应具有符合国家现行标准要求的质量鉴定文件或产品合格证。

（2）家用电器应有强制性产品认证标识（见拓展知识），出厂随机资料应齐全。

（3）室内燃气管道应明敷；燃气管线不能由用户私自改动，会带来安全隐患。另一方面私自改动燃气管线将不能通过燃气公司的管线验收。燃气表位置应便于抄表、开关和检修。

（4）油烟机位置受排烟道位置制约，炉灶受燃气管线位置制约，应尽量设置在排烟道和燃气管线之间，油烟机在灶具上方。

（5）洗涤盆受下水管线制约，下水管线一般不轻易改动，改动后会影响排水效率，甚至出现堵塞的状况，因此洗涤盆设置在下水管位置上方。

**3. 厨房设备安装工程质量验收**

厨房设备安装工程质量验收的主控项目与一般项目见表 7-2。

表 7-2

**厨房设备安装工程的主控项目与一般项目**

| | 内　容 | 检测方法 |
|---|---|---|
| 主控项目 | 厨房设备的功能、配置和设置位置应符合设计要求 | 检查设计文件 |
| | 厨房设备出厂随机资料应齐全,使用操作应正常 | 逐项检查、模拟操作 |
| | 电源插座规格应满足设备最大用电功率要求,插座安装位置应和厨房设备设计位置一致 | 查阅使用说明书、观察检查 |
| | 户内燃气管道与燃具应采用软管连接,长度不应大于 2m,中间不得有接口,不得有弯折、拉伸、龟裂、老化等现象。燃具的连接应严密,安装应牢固,不渗漏。燃气热水器排气管应直接通至户外 | 观察、手试、肥皂水试验 |
| | 厨房设置的竖井排烟道及止回阀应符合防火要求,且应有防止烟气回流、窜烟的措施 | 观察、模拟操作检查 |
| | 厨房设置的共用排烟道应与相应的抽油烟机相关接口及功能匹配 | 目测检查 |
| 一般项目 | 灶具的离墙间距不应小于 200mm | 目测、尺量检查 |
| | 抽屉和拉篮应有防拉出的设施 | 目测检查 |
| | 厨房设备的外观应清洁、无污损 | 目测检查 |
| | 设备配件应安装正确,功能正常,完好无损 | 观察、手试检查 |
| | 管线与厨房设备接口应匹配,并应满足厨房使用功能要求 | 观察、手试检查 |

## 7.1.3　橱柜安装工程

整体橱柜的出现让大家有了新的厨房家居装饰用品，不仅美观大方，还有整体和谐的感觉。橱柜将我们上面介绍的电器设备等集成在吊柜和地柜中，结合整体造型设计，既美观大方又使用方便，在现代家庭装修中占有很重要的位置。

**1. 橱柜工程施工准备**

（1）材料准备。表 7-3 列出了橱柜工程需要准备的一些常用材料。

橱柜工程常用材料

表 7-3

| 种类 | 名称 | 图片 | 特点及功能 |
|---|---|---|---|
| 主材 | 柜体 | | 组成橱柜主体的板材,多用刨花板、密度板、防潮板、防火板或三聚氰胺板等 |
| | 柜门 | | 按照材质主要有实木型、吸塑型、三聚氰胺饰面板型、烤漆型、防火板型等。根据使用的材料不同有些可以做出表面的凹凸线条,达到较好的装饰效果 |
| | 台面 | | 人造石材纹路和色彩丰富,完全可以和石材媲美,而且无毒无辐射性,容易清理,是目前主流橱柜台面材料,除此之外还可以用天然石材和不锈钢做橱柜台面 |
| 胶粘材料 | 防霉密封胶 | | 密封胶也称玻璃胶,是一种家庭常用的粘合剂,由硅酸钠和醋酸以及有机性的硅酮组成。用于厨卫等潮湿空间的最好是防霉密封胶,使用时需配合胶枪 |
| | 专用胶粘剂 | | 一般为双组分快干型专用胶粘剂,由聚合物乳液和干粉两个组分构成,使用时按照规定的比例混合均匀,形成高性能胶粘剂产品,用于各种人造石的现场连接 |
| 辅料 | 可调脚底座 | | 橱柜的底脚,一般装在地脚板里面,在外面是看不到的。根据地面的坡度调整底座的高度,使得台面保持水平 |
| | 五金件 | | 橱柜五金配件是指铰链、抽屉滑轨、踢脚板等,在橱柜材料中占有重要地位,直接影响着橱柜的综合质量 |

（2）机具设备。橱柜工程大部分是现场组装的干作业，使用到的主要机具设备如表 7-4 所示，其他还包括电动螺丝刀、卷尺、扳手等。

橱柜工程机具设备　　　　　　　　　　　　　　　　　　　　　表 7-4

| 名称 | 图　片 | 用　途 |
|---|---|---|
| 角磨机 | | 又称研磨机或盘磨机，是用于台面切削和打磨的一种磨具 |
| 电锤 | | 利用压缩气体冲击钻头，不需要手使多大的力气，可以在混凝土、砖、石头等硬性材料上开孔，但不能在金属上开孔 |
| 橡胶锤 | | 通过敲打起到一定的缓冲作用，使得台面粘结得更紧密 |

（3）作业条件及注意事项。在安装橱柜前，要检查现场环境，墙体尺寸、水、电、气的位置是否与图纸一致。灶具、吸油烟机及水池等易产生噪声的设备不宜安装在与卧室相邻的隔墙上。吊柜应挂装在有承重能力的墙上，如安装在轻质墙上应有安全可靠的构造措施。

**2. 橱柜工程施工工艺**

橱柜安装的顺序是先地柜再吊柜，先柜体再门板。整体橱柜除了应有出厂检验合格证书外，还应有使用说明书及安装说明书。

（1）橱柜工程工艺流程

地柜安装→安装吊柜→安装相关设备与电器→安装功能五金件→安装柜体门板→安装地脚板→安装台面。

（2）橱柜工程施工操作要点

1）地柜安装。安装地柜前，工人应该对厨房地面进行清扫，使用水平尺测量地面，了解地面水平情况。将运到现场的材料分类摆放好，用自攻螺丝、连接件将底板、侧板、加固条、背板等组合成整体，在地柜下部安装可调脚底座，调整底脚高度以底脚板高度＋5mm 为宜，见图 7-3、图 7-4。按图纸摆放各组地柜，如果有转角柜的话，一般从转角柜开始向两侧依次排列。地柜码放完毕后，通过调节底脚对地柜进行找平。

2）安装吊柜。将底板、侧板、背板等组合成吊柜整体，紧靠侧板、顶板、背板用自攻螺钉固定吊码。然后在墙上定位放线（图 7-5），画出吊码挂板的位置，电锤打孔后用膨胀螺栓固定挂板。将吊柜挂上墙，调整好吊柜高度后锁紧吊钩，见图 7-6。安装完成后调整所有吊柜到同一水平高度，柜体间用连接件进行连接固定。

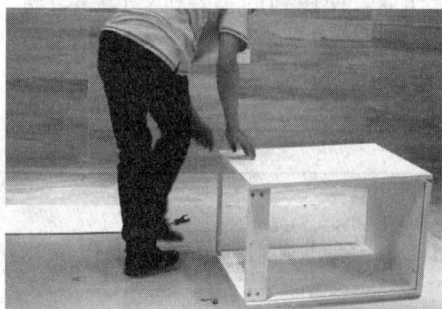

图 7-3　组装地柜

图 7-4　安装橱柜底脚

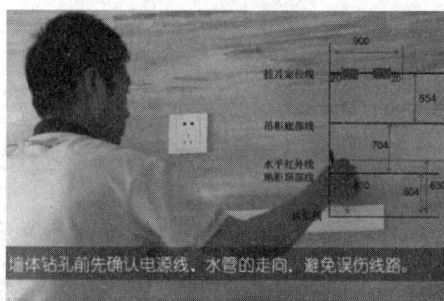

图 7-5　吊柜定位放线

图 7-6　吊挂吊柜

3）安装相关设备与电器。确定排油烟机安装位置后，打孔安装排油烟机挂片悬挂安装排油烟机，安装其他电器及封板，如图 7-7、图 7-8 所示。

图 7-7　安装排油烟机

图 7-8　安装其他电器

4）安装功能五金。拉篮、米箱、调味篮、抽屉等功能五金要先安装导轨，然后推入拉篮，再安装拉篮面板，如图 7-9、图 7-10 所示。

5）安装柜体门板。柜体门板根据开启方式不同分为平开式、推拉式、上翻式、折叠式（图 7-11）等，需要使用不同的五金连接件进行组装。

6）安装地脚板。用自攻螺钉将脚卡固定地脚板背面，然后将地脚板卡在可调节底脚上，如图 7-12 所示。

图 7-9　安装功能五金导轨

图 7-10　安装拉篮

图 7-11　上翻折叠式橱柜门

图 7-12　安装地脚板

　　7）安装台面。检查预制好的台面尺寸、角度是否和现场安装尺寸相符合。安装台面时要与墙壁留 3～5mm 的伸缩缝，避免因热胀冷缩损坏台面。利用配套的胶水和固化剂连接好接缝和挡水板等部分，待胶水硬化后铲除掉多余的胶水，用角磨机打磨接驳处，防霉玻璃胶收缝，见图 7-13、图 7-14。整个橱柜安装好的效果见图 7-15。

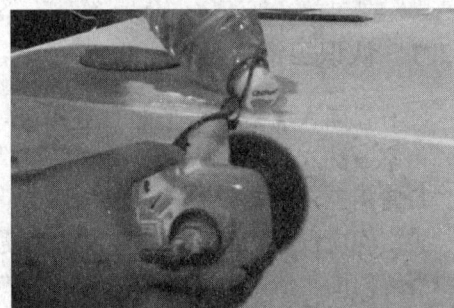

图 7-13　角磨机打磨

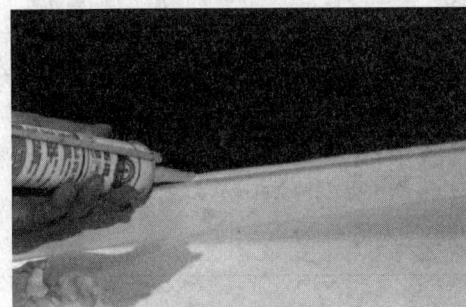

图 7-14　玻璃胶收缝

图 7-15　橱柜安装效果

### 3. 橱柜安装工程质量验收

橱柜安装工程质量验收的主控项目与一般项目如表 7-5 所示。

**橱柜安装工程的主控项目与一般项目**　　　　　　　　　　表 7-5

| | 内容 | 检测方法 |
|---|---|---|
| 主控项目 | 橱柜的材料、加工制作、使用功能应符合设计要求和国家现行有关标准的规定 | 观察、手试和查阅相关资料 |
| | 橱柜应安装牢固 | 观察、手试和查阅相关资料 |
| 一般项目 | 柜体间、柜体与台面板、柜体与底座间的配合应紧密、平整,结合处应牢固,不松动 | 观察、手试、尺量检查 |
| | 柜体贴面应严密、平整,无脱胶、胶迹和鼓泡等现象,裁割部位应进行封边处理 | 观察、手试、尺量检查 |
| | 柜体顶板、壁板内表面和柜体可视表面应光洁平整,颜色均匀,无裂纹、毛刺、划痕和碰伤等缺陷 | 观察、手试、尺量检查 |
| | 门与柜体安装连接应牢固,不应松动,开关应灵活,且不应有阻滞现象 | 观察、手试、尺量检查 |
| | 柜体外形尺寸的允许偏差不应大于 1mm,对角线长度之差不应大于 3mm。门与柜体缝隙应均匀,宽度不应大于 2mm | 观察、手试、尺量检查 |

# 7.2　卫浴工程

## 7.2.1　认识卫浴工程

随着我国人民生活水平的日益提高,卫浴间的使用功能日趋多样,一般集洗漱、厕所、浴室、洗衣等多种功能于一体。

### 1. 常用卫浴设备

卫浴间应设置洗面盆、淋浴设备、便器等设施或预留位置,有的家庭如果没有专门的生活阳台,也会把洗衣机布置在卫浴间里。冬季洗澡时还会需要浴霸或者浴室暖空调等设备,常见的卫浴设备见表 7-6。

常用卫浴设备

**常用卫浴设备**　　　　　　　　　　表 7-6

| 种类 | 名称 | 图片 | 特性 |
|---|---|---|---|
| 便器 | 大便器 |  | 一种卫生器具,按结构可分为坐便器和蹲便器两种。按冲洗方式分有冲落式、虹吸式、喷射虹吸式、漩涡虹吸式 |
| | 小便斗 |  | 是男士专用的便器,是一种装在卫生间墙上的固定物。按安装方式分为斗式、落地式、壁挂式 |

| 种类 | 名称 | 图片 | 特性 |
|---|---|---|---|
| 洗面盆 | 台式 | | 是人们日常生活中不可缺少的卫生洁具,可用来洗脸、洗头、洗手等。台盆突出台面的叫作台上盆,盆体置于盆柜台面之下的叫作台下盆,下面有配套的立柱支撑的称为柱盆 |
| | 柱盆 | | |
| 净身盆 | | | 专门为女性而设计的洁具产品,外型与马桶有些相似,但又如脸盆装了龙头喷嘴,有冷热水选择,有直喷式和下喷式两大类 |
| 拖把池 | | | 一般装在卫生间或者阳台,主要用于清洗拖把,通常为瓷质 |
| 淋浴间 | | | 单独的淋浴隔间,供人站立洗澡的卫生设备。充分利用室内一角,用围栏将淋浴范围清晰地划分出来,形成相对独立的洗浴空间 |
| 整体卫生间 | | | 以工厂化生产的方式来提供即装即用的卫生间系统,由顶板、壁板、防水底盘等框架结构和五金、洁具、照明以及水电系统等内部组件组成。在有限的空间内实现洗面、淋浴、如厕等功能的独立卫生单元 |
| 浴缸 | | | 供沐浴或淋浴之用,大多以亚克力或玻璃纤维制造,也有用包上陶瓷的钢铁或木质材料制作,大部分浴缸皆属长方型 |

| 种类 | 名称 | 图片 | 特性 |
|------|------|------|------|
|  | 洗衣机 |  | 利用电能产生机械作用来洗涤衣物的清洁电器,家用洗衣机主要由箱体、洗涤脱水桶、传动和控制系统等组成,有的还装有加热装置 |
|  | 浴室暖空调 |  | 以金属或陶瓷 PTC 为发热元器件,用风轮吹风将温度传送至室内。将室内空气通过浴室暖空调循环加热,达到室内空气升温的效果 |
|  | 浴霸 |  | 通过特制的防水红外线热波管和换气扇的巧妙组合将浴室的取暖、红外线理疗、浴室换气、装饰等多种功能结合于一体的浴用小家电 |

**2. 卫浴设备安装注意事项**

（1）卫浴间的卫生器具及配件的规格、型号、颜色等应符合设计要求。

（2）卫浴设备的阀门安装、固定位置应正确平整,管道连接件应易于拆卸、维修。

（3）卫浴间地面应防滑和便于清洗,且地面不应积水。

（4）淋浴间、整体卫生间的性能指标应符合设计要求和国家现行有关标准的规定。整体卫生间应有出厂检验合格证书,并应具有使用说明书和安装说明书。

## 7.2.2 卫生洁具安装工程

常用的卫生洁具一般包括洗面盆、便器等,它们的安装重点在于找准给水与排水的位置,需要仔细操作,使之连接密实,不能有任何渗水现象。

**1. 洗面盆安装**

洗面盆是卫生间的标准洁具配置,形式较多,常见的洗面盆主要有台式、柱式两种,台式常见的一般为柜体式。不同洗面盆的安装方法各有不同,下面以柜体式安装为例进行讲解。

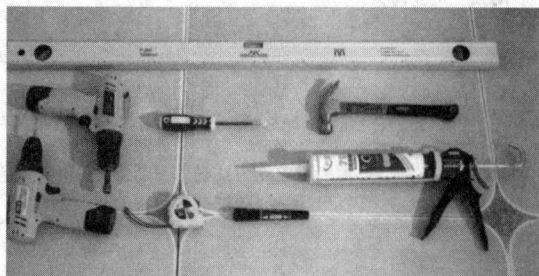

图 7-16 安装洗面盆工具

（1）需要准备的安装工具：水平尺、电钻、螺丝刀、锤子、记号笔、玻璃胶等,见图 7-16。

（2）检查给水、排水口位置与通畅情况。

（3）打开洗面盆包装,查看各部件、配件是否齐全。一般柜体式洗面盆主要部件及配件包括柜体、陶瓷盆、柜脚、水龙头套装、置物架、镜子、镜灯架等，见图 7-17。

图 7-17　柜体式洗面盆的部件及配件

（4）精确测量给水、排水口与洗面盆的尺寸数据是否合适。

（5）在柜体下面安装好柜脚后，将主柜放到安装位置，如果地面不平整通过调整柜脚的高低直至水平，见图 7-18。

图 7-18　安装及调整底脚

（6）安装台盆水龙头及下水管。将进水软管拧入水龙头进水孔中，固定在瓷盆上，再将排水管从洗面盆下水孔中穿出后，用玻璃胶密封固定，见图 7-19。

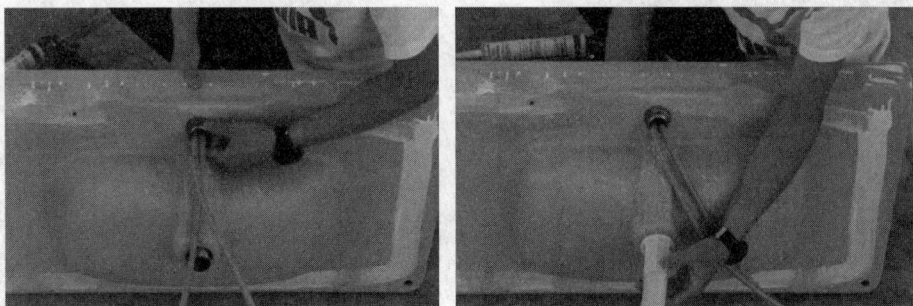

图 7-19　安装龙头及下水管

（7）安装台盆。将柜体四周打上一圈玻璃胶，然后将台盆放入柜体中，最后在台盆与墙体之间再打上一圈玻璃胶，见图 7-20、图 7-21。

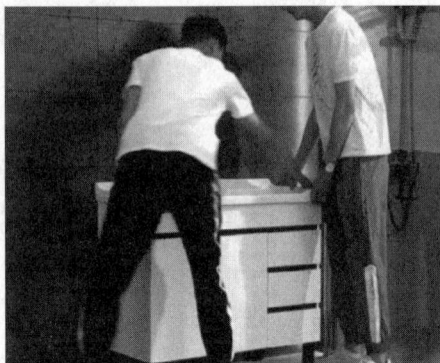

图 7-20　安装台盆

图 7-21　台盆与墙体接缝处密封处理

（8）安装置物架、镜子、镜灯架等。根据使用者身高调整置物架、镜子等的高度，用卷尺测量好后，用水平尺找平，画出固定位置线，见图 7-22。通过固定孔确定固定位置，电钻打孔后，放入胀塞固定置物架，见图 7-23。镜子的固定有两种方法：挂片固定和玻璃胶粘贴固定。镜灯架安装固定好后，安装镜灯，接入 220V 家用电源。镜子后面的挂片及安装镜灯见图 7-24、图 7-25。

图 7-22　确定置物架位置线

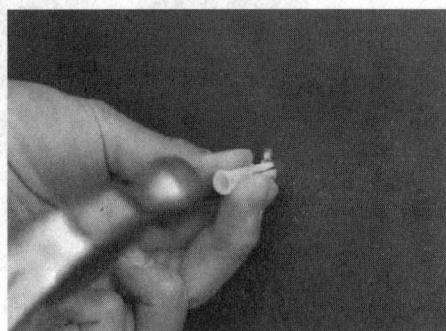

图 7-23　打孔下塑料胀塞

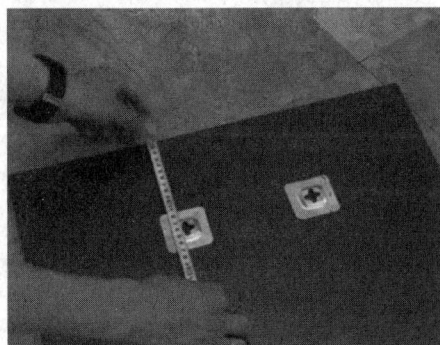

图 7-24　镜子挂片

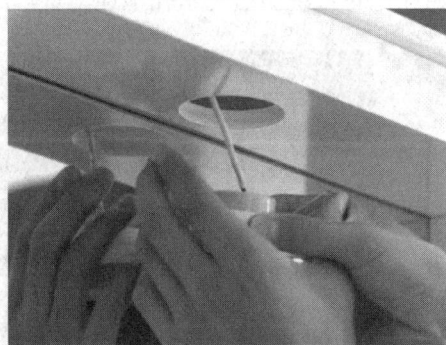

图 7-25　安装镜灯

安装完成后，要等待玻璃胶干透后再进行出水使用，以免出现漏水现象。

**2. 坐便器安装**

坐便器属于较高档的卫生间洁具，使用舒适，适用于大多数家居住宅的卫生间。坐便器安装可在卫生间地面及墙面瓷砖铺装完成后进行。

（1）坐便器安装需要准备的安装工具和材料包括生料带、扳手、活动扳手、美工刀、记号笔、密封胶等，如图 7-26 所示。

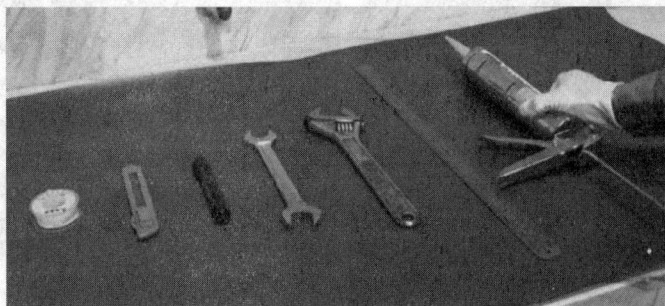

图 7-26　坐便器安装工具

（2）检查安装环境。检查给、排水口位置与通畅情况，如果是智能坐便器还需要电源插座。

（3）打开坐便器包装，查看配件是否齐全，精确测量给、排水口与坐便器的尺寸数据。排水口的直径一般为 110mm，坑距（排水口中心到背后墙面的距离）一般常见 300mm、400mm 两种规格，如图 7-27 所示。

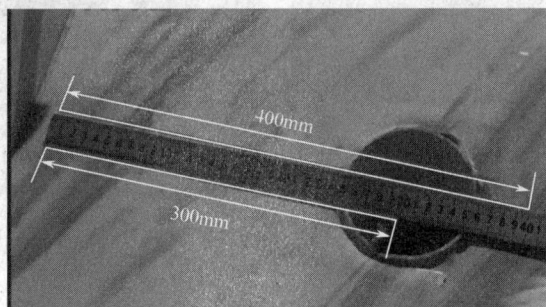

图 7-27　坐便器坑距

（4）标记安装位置基线，确定安装基点。分别根据下水管中心点在地面上和坐便器上标记出十字相交直线，如图 7-28 所示。

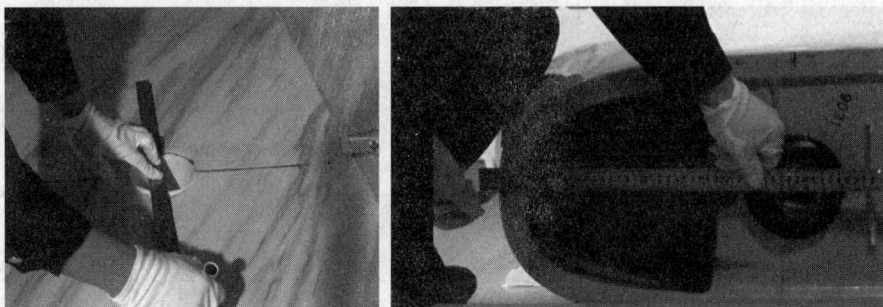

图 7-28　坐便器安装位置线

（5）安装坐便器。根据标记好的安装位置线，在坐便器安装好法兰盘后将玻璃胶注入底部周围，然后将坐便器的排出管口和排水管对齐，固定到位，见图7-29。

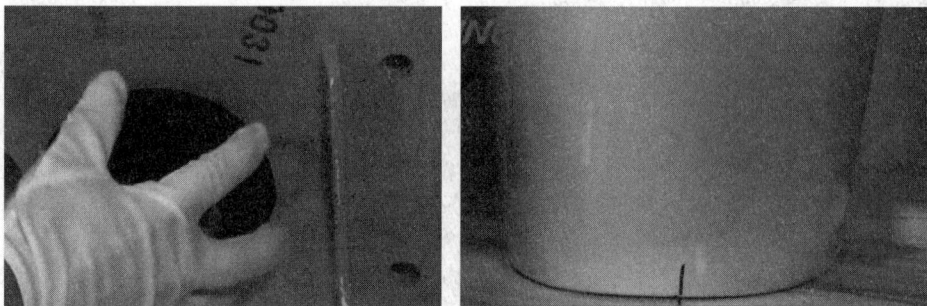

图 7-29　坐便器安装就位

（6）安装给水管道与水箱配件。安装给水阀门与连接软管，用扳手拧紧连接处，进行供水测试有无渗水现象。最后，将坐便器底座与地面瓷砖之间注入中性硅酮玻璃胶粘接牢固，如图7-30、图7-31所示。

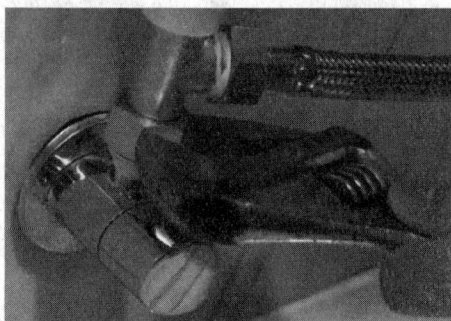

图 7-30　安装给水阀门　　　　图 7-31　坐便器底座打胶固定

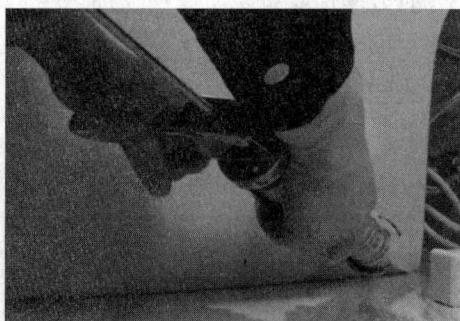

### 3. 卫生洁具安装工程质量验收

卫生洁具安装工程质量验收的主控项目与一般项目如表7-7所示。

卫生洁具安装工程的主控项目与一般项目　　　　表 7-7

| | 内　容 | 检测方法 |
|---|---|---|
| 主控项目 | 卫生洁具及配件的材质、规格、尺寸、固定方法、安装位置应符合设计要求 | 查阅设计文件、观察检查 |
| | 卫生洁具应做满水或灌水（蓄水）试验,且应严密,畅通,无渗漏 | 蓄水、排水观察检查 |
| | 卫生洁具的排水管应嵌入排水支管管口内,并应与排水支管管口吻合,密封严实 | 观察检查 |
| | 坐便器、净身盆应固定安装,并应采用非干硬性材料密封,不得用水泥砂浆固定 | 观察检查 |
| | 除浴缸的原配管外,浴缸排水应采用硬管连接。有饰面的浴缸,浴缸排水部位应有检修口 | 观察检查 |

续表

| 　 | 内　容 | 检测方法 |
|---|---|---|
| 一般项目 | 卫生洁具表面应光洁、颜色均匀、无污损 | 观察;手试检查 |
| | 卫生洁具的安装应牢固,不松动。支、托架应防腐良好,安装应平整、牢固,并应与器具接触紧密、平稳 | 观察;手试检查 |
| | 卫生洁具给水排水配件应安装牢固,无损伤、渗水;给水连接管不得有凹凸弯扁等缺陷。卫生洁具与墙体、台面结合部应进行防水密封处理 | 观察;手试检查 |
| | 卫生洁具安装的允许偏差应符合现行国家标准《建筑给水排水及采暖工程施工质量验收规范》GB 50242 的规定 | |

## 7.2.3　淋浴间安装工程

淋浴间是利用卫生间空间一角合理地将洗浴空间划分出来的单独隔间,适用于绝大多数卫生间,见图 7-32。淋浴间安装应预先确定位置,选购淋浴间时应仔细测量淋浴间尺寸是否与卫生间空间相符,具体施工方法应参照产品说明书。

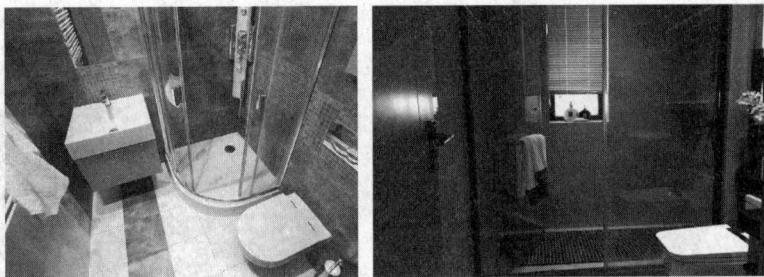

图 7-32　淋浴间

**1. 淋浴间安装需要准备的工具和材料**

淋浴间安装需要准备的安装工具和材料包括卷尺、水平尺、电动螺丝刀、橡胶锤、电锤、记号笔、密封胶等。

**2. 淋浴间安装施工步骤**

(1) 检查淋浴间安装环境。检查给水、排水口位置与通畅情况。打开产品包装,查看配件是否齐全,精确测量给水、排水口与淋浴间的尺寸数据,见图 7-33。

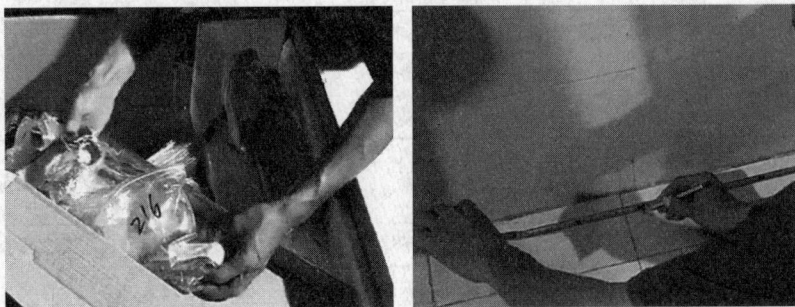

图 7-33　检查淋浴间的配件及现场尺寸

（2）根据现场环境与设计要求预装淋浴间，画出安装位置基线，确定安装基点，放置石基或底盘，安装围合框架，见图7-34、图7-35。

图 7-34　放置石基

图 7-35　安装框架

（3）固定淋浴间的框架及玻璃。先预放好淋浴间框架后，标记出打孔位置，然后用电钻打眼，下胀塞后固定好框架，安装玻璃（图7-36、图7-37），再安装其他配件，如密封条、把手等。

图 7-36　固定框架

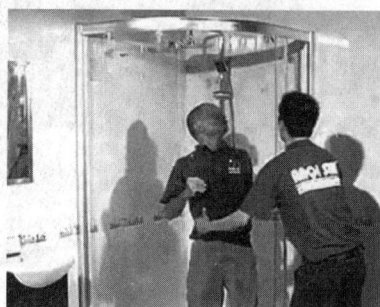

图 7-37　安装玻璃

（4）采用中性硅酮玻璃胶密封淋浴间与墙壁间缝隙，进行供水测试，清理施工现场。

**3. 淋浴间安装工程工程质量验收**

淋浴间安装工程工程质量验收的主控项目与一般项目见表7-8。

淋浴间安装工程的主控项目与一般项目　　　　　　表 7-8

| | 内容 | 检测方法 |
|---|---|---|
| 主控项目 | 淋浴间所用的各种材料、规格、型号应符合设计要求 | 查阅质量保证资料 |
| | 淋浴间与相应墙体结合部位应无渗漏 | 试水观察、手摸检查 |
| | 淋浴间门应安装牢固，开关灵活。玻璃应为安全玻璃 | 观察、手试检查 |
| | 淋浴间低于相连室内地面不宜小于20mm或设置挡水条，且挡水条应安装牢固、密实 | 观察、尺量、通水观察检查 |
| | 淋浴间内给水、排水系统应进水顺畅、排水通畅、不堵塞 | 观察、尺量、通水观察检查 |
| 一般项目 | 淋浴间表面应洁净、无污损，不得有翘曲、裂缝及缺损 | 观察检查 |
| | 淋浴间打胶部位应打胶完整、胶面光滑、均匀、无污染 | 观察检查 |

【单元总结】

厨房和卫生间是住宅的重要组成部分，随着社会进步、人们生活水平的提高，居民对厨房、卫生间的舒适性和实用性也提出了更高的要求。但很多厨卫工程的施工质量问题却成了我国目前住宅建筑装饰施工中普遍存在的质量隐患，如果处理不当不仅给工程质量留下缺陷，而且给人们的日常生活带来诸多不便，因此我们对于这部分内容要给予足够的重视，将厨卫工程部分做得精益求精，将使整个工程质量更加完美，使人们的居住环境更加舒适。

【思考及练习】

单选题（4 选 1）

（1）室内燃气管道应（　　）敷；燃气管线（　　）由用户私自改动，会带来安全隐患。

A. 明；不能　　　　　B. 暗；不能　　　　　C. 明；能　　　　　D. 暗；能

（2）户内燃气管道与燃具应采用软管连接，长度不应大于（　　）m，中间不得有接口，不得有弯折、拉伸、龟裂、老化等现象。

A. 1　　　　　　　B. 2　　　　　　　C. 3　　　　　　　D. 4

（3）橱柜安装的工艺流程正确的是（　　）。

A. 地柜安装→安装吊柜→安装相关设备与电器→安装功能五金件→安装柜体门板→安装地脚板→安装台面

B. 地柜安装→安装相关设备与电器→安装吊柜→安装功能五金件→安装柜体门板→安装地脚板→安装台面

C. 地柜安装→安装台面→安装吊柜→安装相关设备与电器→安装功能五金件→安装柜体门板→安装地脚板

D. 地柜安装→安装吊柜→安装柜体门板→安装相关设备与电器→安装功能五金件→安装地脚板→安装台面

（4）坐便器坑距（排水口中心到背后墙面的距离）一般常见有（　　）mm 两种规格。

A. 100，200　　　　　B. 200，300　　　　　C. 300，400　　　　　D. 400，500

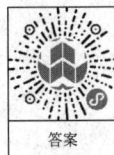

# 参考文献

[1] 肖绪文，王玉岭.建筑装饰装修工程施工操作工艺手册 [M].北京：中国建筑工业出版社，2013.

[2] 杨洁.建筑装饰构造与施工技术 [M].北京：机械工业出版社，2013.

[3] 李永霞.建筑装饰设计基础 [M].北京：高等教育出版社，2015.

[4] 汤留泉.家装施工全能图典 [M].北京：中国电力出版社，2018.

[5] 兰海明.建筑装饰施工技术 [M].北京：中国建筑工业出版社，2014.

[6] 编写组编.建筑装饰工程（下册）施工工艺 [M].天津：天津科学技术出版社，2015.

[7] 骆家祥，周雄鹰.建筑装饰工程施工 [M].武汉：中国地质大学出版社，2013.

[8] 李永霞.探析整体地面的嬗变与发展 [D].北京：中国知网，2007.

[9] 中华人民共和国住房和城乡建设部，中华人民共和国国家质量监督检验检疫总局.建筑装饰装修工程质量验收标准 [M].北京：中国建筑工业出版社，2018.

[10] 中华人民共和国住房和城乡建设部.住宅室内装饰装修工程质量验收规范 [M].北京：中国建筑工业出版社，2013.

[11] 中华人民共和国住房和城乡建设部，中华人民共和国国家质量监督检验检疫总局.建筑地面工程施工质量验收规范 [M].北京：中国计划出版社，2010.